JN233532

基礎物理学シリーズ──1

清水忠雄・矢崎紘一・塚田 捷

監修

力 学 Ⅰ

山崎泰規

著

朝倉書店

まえがき

　本コース「力学」は I, II の上下 2 巻に分かれており，高等学校で物理を選択した学生が大学初等程度の力学を学ぶための基礎を解説する．物理学が自然現象を基礎づけており，自然が整合的に理解できることを学ぶ第 1 歩である．高等学校で学んだ物理量の概念を厳密化し，定量的な学問としての物理学の考え方を獲得するとともに，現象の理解に必須ともいえる定性的把握力をつけることが本コースの一貫した目的となる．概念の厳密化をすすめるとき，必然的にある程度の数学的知識とそれを扱う技術が必要になる．これらは，必要に応じて本文中に取り入れ説明した．既習の諸君は当然その部分を読み飛ばして，先にすすめばよい．

　力学の教科書は昔から多くあって，いまさら一書を加えることには抵抗もあったが，解析的に解ける特殊な例を厳密に計算することに追われて，現象を支配している法則の定性的理解がおろそかになりがちなことに配慮し，大づかみな現象の把握と近似的思考法の導入に力点をおくよう注意を払った．現象の定性的把握が，社会的知としての自然科学の理解にはより重要であると考えたためである．また，数学的取扱いの厳密さには目をつむった．これは，初習者は数式の変形，数学的テクニックにともすれば惑わされがちなことを，日頃の講義をすすめる際にも痛感していたためでもある．本書は，通常どおり，ニュートンの運動方程式から始めたが，エネルギー，保存力といった量で物を考える訓練をできるだけ早く始める工夫をした．

　昨今のパーソナルコンピュータの普及は，各種方程式の数値解を容易に得ることを可能にし，したがって，説明されるべき内容が数学的取扱いの技術を離れることを許し，より物理現象の理解に力を注ぐことを可能にしている．本書はこのような学習環境の変化を多少とも考慮に入れ，上に述べた問題解決への

ささやかな試みとした．これに関連して，考える問題をできるだけ具体的にし，一見抽象的で架空の世界を扱っているかの印象を与えかねない物理学の問題意識が，些細なことまでわれわれの世界の実体に即したものであることを強調するように努めた．

ところで，自然理解の多くの新しい段階は従来の理論とのわずかなずれを認識することから始まっている．その意味で物理学はまさに精密科学であって，定性的理解だけでは，自然科学の中における物理学の際だった特徴を見失うことになる．そのため，要所で精密科学であることを強調するよう努めた．

本書は，著者がこの数年東京大学教養学部で行っている1回生向け，1セメスター分の講義録をもとにしている．本シリーズが力学に2セメスター分を割いていることに配慮し，適宜話題を増やし，説明をより丁寧にして2期，20数コマ分の構成とした．

本力学I, IIは，I巻は，運動の法則と微分方程式，1次元の運動，1次元運動の力学的エネルギーと仕事，3次元空間内の運動と力学的エネルギー，中心力のもとでの運動の5章から，II巻は，座標の運動，質点系の力学，剛体の力学，解析力学に向けて，相対論的力学の5章からなっている．それぞれ，ほぼ半期12〜14回の授業で終えることができるよう，各章をいくつかの節に分けた．

2002年2月

山崎 泰規

目 次

1. 何を学ぶか ··· 1
2. 運動の法則と微分方程式 ··· 7
   2.1 ベクトルとスカラー ·· 8
   2.2 速度と加速度 ··· 17
   2.3 運動の法則 ··· 19
   2.4 簡単な微分方程式の解法 ··································· 25
      2.4.1 テイラー展開 ·· 26
      2.4.2 線形2階常微分方程式 ································· 31
   2.5 物理量の基本単位と物理学 ································· 35

3. 1次元の運動 ··· 38
   3.1 重力が働いている場合の運動 ······························· 39
   3.2 重力と摩擦力が働いている場合の運動 ······················· 43
   3.3 1次元の調和振動子 ······································· 47
   3.4 調和振動子に摩擦力が作用している場合 ····················· 52
   3.5 調和振動子に摩擦力と強制力が作用している場合 ············· 55
   3.6 振幅の小さな振り子 ······································· 60
   3.7 振幅の大きな振り子 ······································· 62

4. 1次元運動の力学的エネルギーと仕事 ····························· 66
   4.1 保存力と力学的エネルギーの保存則 ························· 68
      4.1.1 単振動をしている質点のもつエネルギー ················ 70

	4.1.2　外力のする仕事 ………………………………………	73

5. 3次元空間内の運動と力学的エネルギー …………………… 78
　5.1　いろいろな座標系 ……………………………………………… 78
　　5.1.1　円筒座標系 ……………………………………………… 78
　　5.1.2　極座標系 ………………………………………………… 81
　　5.1.3　自然座標系と束縛運動 ………………………………… 84
　5.2　運動エネルギーと仕事 ………………………………………… 94
　5.3　保存力と力学的エネルギーの保存則 ………………………… 97
　　5.3.1　振り子のポテンシャルエネルギーと運動 …………… 99
　　5.3.2　エネルギー等分配則 …………………………………… 103
　5.4　断熱不変量 ……………………………………………………… 104
　5.5　次元による物理量の推定 ……………………………………… 107

6. 中心力のもとでの運動 ………………………………………… 112
　6.1　角運動量保存則 ………………………………………………… 112
　6.2　等価1次元ポテンシャルエネルギー ………………………… 117
　6.3　中心力のもとでの質点の軌跡 ………………………………… 120
　　6.3.1　平衡点周りの軌跡 ……………………………………… 123
　　6.3.2　球面振り子 ……………………………………………… 126
　6.4　万有引力やクーロン力による束縛 …………………………… 129
　　6.4.1　大きさをもった物体から働く力 ……………………… 136
　6.5　2体問題 ………………………………………………………… 142
　6.6　粒子の散乱 ……………………………………………………… 147
　　6.6.1　2体の衝突と運動学 …………………………………… 147
　　6.6.2　散乱断面積 ……………………………………………… 150

索　引 ……………………………………………………………… 155

ギリシャ文字 ……………………………………………………… 158

1

何 を 学 ぶ か

　力学は，読んで字のごとく，物体間に働く「力」とその力によって引き起こされる「運動」の関係を調べ，それを通じて世界（宇宙）を理解しようとする物理学の一分野である．ここで注意を要するのは，数学と違って，「力」，「運動」などは，はじめから明確な概念，あるいは，定義に基づいてその間の関係が議論されたのではなく，現象の理解が深まり，また，"純化" されるにつれて物体の動きを「力」と「運動」の関係としてとらえる考え方が確立されてきたことである．この過程では，当然ながら各物理量の概念の明確化，拡大，普遍化，が同時に進むことになる．このような "洗練" の過程は，自然科学が質的に進歩するとき，つねに見出される．例えば，エネルギー保存則は，4.1 項や 5.3 項で学ぶ力学的エネルギー保存則を順次概念的に拡張し，光のエネルギー，場のエネルギー，物質のエネルギー（いわゆるアインシュタインの関係：mc^2）等を加えることにより，これまで知られている保存則の中でも最も重要な位置を占めている．これから学ぶニュートン力学を形式的に整備し，より体系化した解析力学とよばれる分野がある．解析力学が記述できる現象はニュートン力学と本質的には同じであるが，そこで重要な役割を果たす正準運動量，正準座標とよばれる物理量は，ハイゼンベルグが量子力学を "発明" するとき，本質的な役割を果たした．これは，同じ現象の異なる表現が，次のステップへの飛躍を可能にすることを示す好例となっている．すなわち，新しいステップは既知の枠組みから論理的には導かれないが，既知の枠組みにはすでにいくつかのキーワードや拡張可能な概念が内包されている．何事も無からは生じないのである．

　地上でボールを投げることを考えてみよう．人によって距離の違いはあるにせよ，いずれ，ボールは地上に落下し，何度かバウンドした後，やがては止まっ

てしまう．このように，力を与え続けないと物体は早晩停止するので，運動は力が働いている間続き，力が働かなくなると停止する，とギリシャの哲学者アリストテレスは考えた[*1]．これは，日常経験に即した大変自然な発想である．一方，月や太陽は無窮の動きをしており，決してとどまることがない．昔の人はしたがって，地上の運動と天界の運動は違った法則によって支配されていると考えた．この惑星の動きを説明するため，物体の運動は，それを支配する法則と，法則のもとに作用する力，万有引力，によって統一的に理解できると考えたのがニュートンである．いったん天界の動きが運動の法則と力の組合せで理解できることがわかると，そのパラダイムは地上のいろいろな出来事の説明に適用され，その適用範囲の広さを誇ることになった．

さて，現在のわれわれからみたニュートン力学の位置を多少説明しておこう．上でも述べたように，ニュートン力学は太陽系程度の大きさ，速さ，質量をもち，万有引力で相互作用している物体の運動を記述するために開発された．にもかかわらず，この枠組みの適用範囲はきわめて広く，地上の，したがって，太陽系よりは何桁も小さな物体間の運動を記述するのにも有効であった．しかし，原子程度の大きさ（$\sim 10^{-10}$ m）が問題になり始めると，粒子の，特に電子の，波としての性質が顕著となって，さすがのニュートン力学もその適用限界に達し，いわゆる量子力学の出番となる．一方，関与する物体の速さという軸で考えたときも，惑星の太陽に対する速さ（数 10 km/s）や，飛行機，ロケットなど，われわれが地上で実現できる速さをはるかに超え，光の速さ（3×10^8 m/s）に近い物体の運動が問題になると相対論的力学による記述が必須となる．もちろん，原子の関わるミクロの系で光速に近い粒子が関与する場合には，この両者を組み合せた相対論的量子力学とよばれる枠組みが必要となる．以上述べたことを模式的にまとめると図 1.1 のようになる．

図 1.1 には，もう 1 つの重要なパラメータを追加した．対象とする系に含まれる粒子の個数である．よく知られているように，アボガドロ数は 10^{23} 個にも達するので，物質の巨視的性質を議論するとき，とうてい 1 個 1 個の粒子の

[*1] ここでいう "力" は，当然ながら本書でこれから論じる力と同じものではない．日常的な経験からは力は直接触れることによって媒介される．これから学ぶことになる万有引力など，遠く離れたものの間に働く力という概念は，大変な想像力，創造力のたまものといってよい．

1. 何を学ぶか

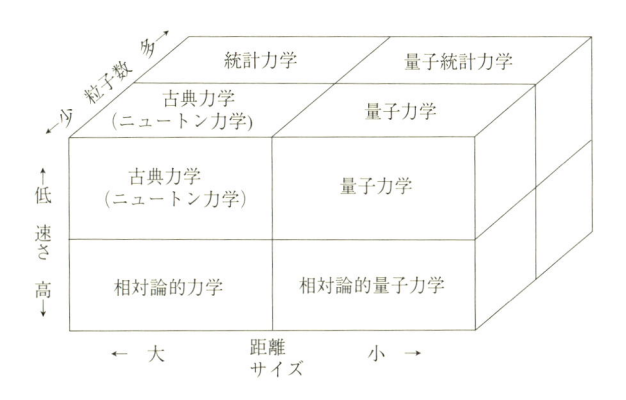

[図: 粒子数・速さ・距離サイズの3軸による力学の分類。軸ラベル「粒子数 多／少」「速さ 低／高」「距離サイズ 大／小」。領域は「統計力学」「量子統計力学」「古典力学（ニュートン力学）」「量子力学」「古典力学（ニュートン力学）」「量子力学」「相対論的力学」「相対論的量子力学」]

図 1.1 いろいろな「力学」の間の関係

運動を追いかけることはできないし，また追いかけることに意味があるとも思えない．このような場合，現象を理解するのに意味のある物理量を見出すこと，また，そのように抽出された物理量の従う法則を見出すことが重要になり，統計力学，熱力学といった分野がこれを受け持つことになる．

このような運動の法則と対になって，運動を規定している「力」について少しふれておこう．これまでのところ，基本的な力は4種類しか存在しないことが知られている．すなわち，「万有引力」，「電磁気力」，「弱い相互作用」，「強い相互作用」である．万有引力は，その名のごとく，すべての物質間に働き，つねに引力で，

$$f_G = -\frac{GmM}{r^2} \tag{1.1}$$

で与えられる．ここで，m と M は考えている物質の質量（6.4節参照），G は万有引力定数とよばれ

$$G = 6.673 \times 10^{-11} \frac{\mathrm{m}^3}{\mathrm{s}^2 \cdot \mathrm{kg}} \tag{1.2}$$

で与えられる定数である．このように万有引力は，距離の逆2乗という，大変ゆっくりとした依存性をもっているため，はるかに遠くの，例えば，銀河系や，銀河団といった，きわめて巨大な系の構造を決めるのに決定的な役割を果たすことになる．

電荷をもった粒子間に働く電気力（クーロン力）も同様に距離の逆2乗則に従い，

$$f_e = \frac{q_1 q_2}{4\pi\epsilon_0 r^2} \tag{1.3}$$

で与えられる．ϵ_0 は真空の誘電率とよばれ，

$$\epsilon_0 = 8.8543 \times 10^{-12} \frac{\text{A}^2 \cdot \text{s}^2}{\text{N} \cdot \text{m}^2} \tag{1.4}$$

である．例えば，電子の質量は 9.1×10^{-31} kg，その電荷は 1.6×10^{-19} A·s（アンペア・秒＝クーロン）である．電子を2つもってきて，その間に働く万有引力とクーロン力の比をとると，

$$\frac{f_e}{f_G} \sim 10^{42} \tag{1.5}$$

という，われわれが日常的には表現の仕方も知らないような数字が現れる．このように電荷をもって（帯電して）いる物質間ではクーロン力が圧倒的に重要で，通常，ミクロな系の振舞いを議論するときには万有引力を無視することができる．一方，規模の大きな系は全体としてほぼ中性であるため，宇宙の現象は万有引力で支配されることになる．

強い相互作用は，陽子，中性子などハドロンとよばれる粒子間にのみ働く力で，力の及ぶ範囲は原子核半径（$\sim 10^{-15}$ m）程度のきわめて短い距離に限られるが，力の強さは大変なもので，陽子を例にとると，原子核内で陽子に働いている強い相互作用による力は，電気力の約100倍程度もあることが知られている．

弱い相互作用は，力の働く範囲が強い相互作用よりさらに短く 10^{-17} m 程度，力の強さは電気力の千分の一程度と弱く，原子核のベータ崩壊などのゆっくりと起こる現象を支配している．

わずか4種類の力だけで，われわれが常日頃目にする自然，雨だれの音から，コンピュータ，電子機器などの工業科学製品，各種の化合物の生成とその性質から，原子核，素粒子，宇宙まで，およそこの豊饒な世界が，形成されているというのは，やはり日常的な言葉の意味をはるかに超えた「驚き」であるといわ

ねばならない．特に，日々の生活の場面では，太陽系や銀河の運動を司り，われわれを地上に引き止めている万有引力と，原子を，したがって，物質を形成し，われわれの目にする物質の性質を決定している電磁気力の2つの力で，ほとんどの現象が説明できる．太陽のエネルギー源である核融合反応や原子力発電のエネルギー源である核分裂反応といった原子核反応には，強い相互作用が関連している[*2)]．科学雑誌などでよく話題に出るクォークは，原子核を構成している陽子や中性子等の強い相互作用をしている"素"粒子を構成する粒子である．分割できないものという意味での原子が電子と原子核に腑分けされたように，これらの素粒子もまた，クォークという，より基本的な粒子を構成要素としているというのが21世紀初頭の自然認識となっている．

　自然科学は，なぜ，という疑問から始まると，よくいわれる．また，なぜと問うことが大変重要であるともよくいわれる．確かにそうなのだけれど，もう少し注意深くみると，まずは「なぜ」から始まってはいながら，物事が「解決」されたとき（あるいは解決されたと意識されたとき）には，「なぜ」が「いかに」に置き換わっていることがよくある．これは，「なぜ」はいかにも哲学的な疑問であって，例えば，ここで議論するニュートン力学にしても，ニュートンの運動の法則を認めれば，多くの現象が説明されはするが，ではなぜニュートンの運動方程式が成り立つのかと次に問うことが可能になって，これは，永遠に続く疑問になるからである．一方，ニュートンの運動方程式を得ることで何事かが理解されたと考える立場は，いってみれば，なぜと問うことをいったんは止めて，物事がいかに生起するかを，できるだけ統一された形で記述しようというものである．これは，自然認識の美学といってもよいし，思考の経済学であるといってもよい．実際に自然科学が進歩してきた過程は嗜好の異なる科学者が入り乱れて大変興味深い発展の様相を示している．

　自然科学はいったん体系ができ上がればこれを論理的に理解することが可能になり，また，その知識は口伝ではなく，客観的な伝達が可能になるが，未知の分野を探求するはじめの取っ掛かりでは独創的な「直観力」，あるいは，「想

[*2)] 電磁気力と弱い相互作用は統一的な枠組みの中で議論できるようになった．これに強い相互作用まで含めて大統一理論を創り上げようという試みも精力的になされているが，まだ成功していない．

像力」が，本質的な役割を果たす．すなわち，いったん，直観力により新しい概念が提示され，次いで，精密化，定式化されると，その知見は多くの人々に共有され，そして整理され，積み上げられ，新しい知識によって開発された技術も進歩して，多方面に応用される．そのようにして，社会的にも技術的にも，共有されている知が熟してくると，再び，直観力による飛躍が可能になって次の段階へ発展するというわけである．この伝達可能性，積上げ可能性が自然科学の近年における爆発的発展の重要なキーワードになっている．織物における縦糸と横糸のようなもので，この縦糸と横糸を独創と模倣と読み替えてもよい．独創のない模倣は発展を伴わないし，模倣のない独創は机上の空論となる．模倣はもっとあたりの柔らかい言葉に置き換えると，学習や交流とよぶこともできる．地球規模のそれは国際交流ということであろう．

科学は2つの重要な機能をもっている．すなわち，整合的に世界を説明し，定量的に物事の生起を予測すること，である．特に物理学はこの両面を強くもっており，定量的理解により定性的理解を保障するといった構造がある．例えば，標準理論とよばれる物理学の基礎理論では，物質の世界と反物質の世界があって，相手の世界には性質が同じで荷電符号が違う相棒が必ず存在することを主張する（"対称性がある" という）．このような対称性についての世界観は，電子と陽電子，陽子と反陽子などの対となる粒子間の質量と電荷の比が 10^{-11} 程度の精度で一致するといったきわめて高精度の実験事実により支えられている．一口に 10^{-11} の精度というが，これは，たとえてみれば，地球と月の距離を数 mm の精度で測定することに対応する．このような高い精度でものを考え，記述するためには，どうしても日常語だけでは不十分で，そこに物理を定量的に扱うための言語としての数学が登場することになる．

2 運動の法則と微分方程式

　図 2.1 のように，道端の小石を蹴っ飛ばすことを考えてみよう．小石は空中をある距離飛んで，やがて地面にぶつかり，数回バウンドして，適当なところで静止する．地面にぶつかってからの動きは，地面が砂地であるか，野球のグラウンドのように踏み固められているか，によって大きく異なるであろう．このような現象は，われわれにとって日頃経験する，したがって，よく知られた現象である．もし上の石蹴りが冬の日に水面の凍った池で行われたら，小石が最初に地面に達する位置には大差がないであろうが，その後の距離はさらに延びるであろう．このとき，第 1 回目に着地する距離に注目する立場と，最終的な到達距離に注目する立場とがあるだろう．日常的には，移動距離が多くの場合重要であろうから，後者の立場で物事の起こり具合を観察，整理することに

図 2.1　蹴飛ばした石はいずれ地面にぶつかり静止する

なる．すなわち，とりあえず自然な考え方は，氷の上は地面の上とは違う法則によって支配されている特別なところだと"多元的に"現象を納得することである．もちろん，日常的に氷に覆われたところに住んでいるイヌイットの人々からみれば，土の露出した地面の方が特別なのだということになる．このように，常識——自然な概念——は日常の経験に左右され，多元的な理解の仕方がすでに多様である．一方，石の着地点に注目すると，これは地面の状態には大きく依存しないであろうから，統一的な理解が可能になると考えられる．このような立場は，いくつかの単純化，抽象化，そしてまた，理想化を，物事の理解が統一的にできるような切り口で行おうとする．単純化の結果えぐり出されるより本質的な理解を用いると，さらに複雑な系が同じ土俵の上で解釈できるようになると期待するわけである．

　本章では，そのような"蒸留"の結果得られたニュートンの運動の法則を紹介し，これに沿って，物体の運動を具体的に考えるための数学的準備を行う．

2.1　ベクトルとスカラー

　物体の位置がどう変化するかを定量的に議論するため，直角座標系 S により空間の任意の点 P の位置を曖昧さなく指定することを考えよう．ここで直角座標系 S は，図 2.2 のように，空間のある 1 点 O から互いに直交する 3 本の直線

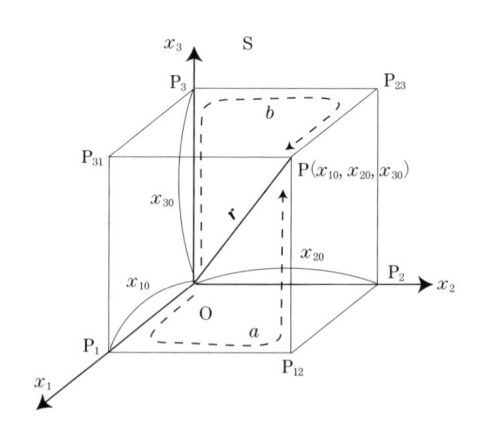

図 2.2　直角座標系

を引いて座標軸としたものである。O を原点とよぶ。まず，点 P から (x_1, x_2) 平面，(x_2, x_3) 平面，(x_3, x_1) 平面，に垂線をおろし，それぞれ，点 P_{12}, P_{23}, P_{31} と名づけよう。次いで，点 P_{12} から x_1, x_2 軸へ垂線をおろし，交わった点を P_1, P_2 等とおき，原点から P_1, P_2 までの距離をそれぞれ x_{10}, x_{20} としよう。このとき，図 2.2 の経路 a のように x_1 軸に沿って x_{10} だけ進んで点 P_1 に至り，次いで，x_2 軸と平行に x_{20} だけ進んで P_{12} に，そして最後に，x_3 軸に平行に x_{30} だけ移動すると，点 P にたどり着くことができる。もちろん，この順序を入れ替え，経路 b のようにして P_3, P_{23} を経由しても，やはり点 P にたどり着くことができる。すなわち，この操作は入替え可能である。そこで，x_1, x_2, x_3 軸の方向を向き，長さが 1 であるような量，e_1, e_2, e_3 を用いると，原点から点 P に向かって引かれた直線の向きと大きさを示す量 r を，

$$r = \sum_{i=1}^{3} x_i e_i \tag{2.1}$$

と書けることがわかる。ここで，e_1, e_2, e_3 を単位ベクトル，r を点 P の位置ベクトルとよぶ。すなわち，任意の位置ベクトルは単位ベクトルの線形結合で表すことができる。当然ながら，2 つの位置ベクトル r_1 と r_2 が等しいのは，その 3 つの成分が等しい場合，すなわち，

$$x_{1i} = x_{2i} \qquad i = 1, 2, 3 \tag{2.2}$$

の場合である。さらに，2 つの位置ベクトル r_1 と r_2 の和 r は

$$r = r_1 + r_2 \equiv (x_{11} + x_{21}, x_{12} + x_{22}, x_{13} + x_{23}) \tag{2.3}$$

で与えられる。これを $x_{13} = x_{23} = 0$ と簡単化して図示すると，図 2.3 のようになる。すなわち，2 つのベクトルの和は，ベクトル r_1 と r_2 を 2 辺とする平行四辺形の他の頂点に向かうベクトルになる。位置ベクトル r の λ 倍は，

$$\lambda r \equiv (\lambda x_1, \lambda x_2, \lambda x_3) \tag{2.4}$$

で与えられる。λ は負であってもよく，そのとき，ベクトルの長さは $|\lambda|$ 倍に，向きは逆になる。

2 つの位置ベクトル r_1 と r_2 のなす角を θ として（図 2.3 参照），r_1 と r_2 の内積を，

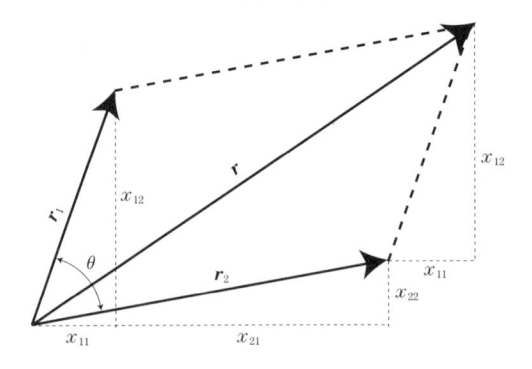

図 2.3 2 つのベクトルの和

$$\boldsymbol{r}_1 \cdot \boldsymbol{r}_2 \equiv |\boldsymbol{r}_1||\boldsymbol{r}_2|\cos\theta \tag{2.5}$$

で定義しよう．式 (2.5) から明らかなように，

$$\boldsymbol{r}_1 \cdot \boldsymbol{r}_2 = \boldsymbol{r}_2 \cdot \boldsymbol{r}_1 \tag{2.6}$$

である．すなわち，内積は入替え可能，可換であり，また，その値は座標系によらない．単位ベクトルの内積は

$$\boldsymbol{e}_i \cdot \boldsymbol{e}_j = \delta_{ij} \tag{2.7}$$

である．ここで δ_{ij} はクロネッカーのデルタとよばれ，

$$\delta_{ij} = \begin{cases} 1 & i = j \\ 0 & i \neq j \end{cases} \tag{2.8}$$

で与えられる．

内積には分配則が成り立つ．すなわち，

$$\boldsymbol{r} \cdot (\boldsymbol{r}_1 + \boldsymbol{r}_2) = \boldsymbol{r} \cdot \boldsymbol{r}_1 + \boldsymbol{r} \cdot \boldsymbol{r}_2 \tag{2.9}$$

である．分配則を用いて式 (2.5) を書き直すと，

$$\boldsymbol{r}_1 \cdot \boldsymbol{r}_2 = \sum_{i=1}^{3} x_{1i}\boldsymbol{e}_i \cdot \sum_{j=1}^{3} x_{2j}\boldsymbol{e}_j = \sum_{i=1}^{3}\sum_{j=1}^{3} x_{1i}x_{2j}\boldsymbol{e}_i \cdot \boldsymbol{e}_j = \sum_{i=1}^{3} x_{1i}x_{2i} \tag{2.10}$$

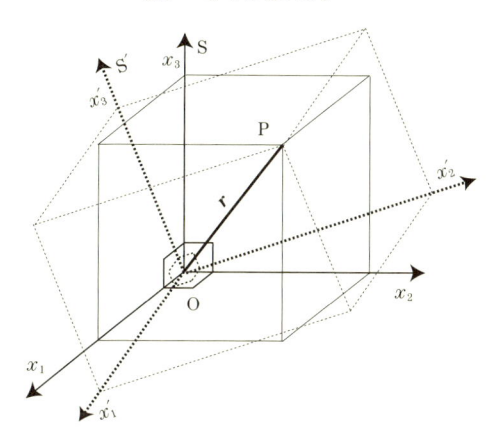

図 2.4 2つの直角座標系の間の関係

が得られる．同じベクトルの間で内積をとると，ピタゴラスの定理より，これはベクトルの長さの2乗である．したがって，ベクトルの長さ r は，

$$r = |\boldsymbol{r}| = \sqrt{\boldsymbol{r} \cdot \boldsymbol{r}} \tag{2.11}$$

で与えられる．$\boldsymbol{r} \cdot \boldsymbol{r}$ は $\boldsymbol{r}^2$ とも書く．

次に，図 2.4 のように，S と原点を共通にもつ別の直角座標系 S' を考えよう．S' における単位ベクトルを $\boldsymbol{e}'_i$ とおく．任意のベクトルは $\boldsymbol{e}_k (k = 1, 2, 3)$ の線形結合で書けるので，

$$\boldsymbol{e}'_i = \sum_{k=1}^{3} p_{ik} \boldsymbol{e}_k \tag{2.12}$$

とおいてよいであろう．すると，

$$\boldsymbol{e}'_i \cdot \boldsymbol{e}'_j = \sum_k p_{ik} \boldsymbol{e}_k \cdot \sum_l p_{jl} \boldsymbol{e}_l = \sum_{k,l} p_{ik} p_{jl} \delta_{kl} = \sum_k p_{ik} p_{jk} \tag{2.13}$$

である．ところで，$\boldsymbol{e}'_i$ はやはり式 (2.8) をみたすから，

$$\sum_k p_{ik} p_{jk} = \delta_{ij} \tag{2.14}$$

である．これは，i, j それぞれ 3 通りの，計 9 つの条件を与えるが，$i \neq j$ の

6つの条件式は i と j を入れ替えても同じ式になるので，結局，独立な条件は6つであることがわかる．すなわち，p_{ki} の独立な成分は3つである．次に，e_k を e'_j で表し，

$$e_k = \sum_j q_{kj} e'_j \tag{2.15}$$

と書いてみよう．ここで，式 (2.12) と式 (2.15) を組み合せると，

$$e'_i = \sum_k p_{ik} e_k = \sum_k p_{ik} \sum_j q_{kj} e'_j = \sum_j \left(\sum_k p_{ik} q_{kj} \right) e'_j \tag{2.16}$$

なので，

$$\sum_k p_{ik} q_{kj} = \delta_{ij} \tag{2.17}$$

が得られる．これと式 (2.14) を比較すると，

$$q_{kj} = p_{jk} \tag{2.18}$$

であることがわかる．

位置ベクトル r を座標系 S でみたときの成分を (x_1, x_2, x_3)，座標系 S' でみたときの成分を (x'_1, x'_2, x'_3) とおくと，

$$r = \sum_k x_k e_k = \sum_{k,j} x_k p_{jk} e'_j = \sum_j \sum_k (p_{jk} x_k) e'_j = \sum_j x'_j e'_j \tag{2.19}$$

である．したがって，位置ベクトルの成分は座標の回転に対して

$$x'_j = \sum_k p_{jk} x_k \tag{2.20}$$

と変換する．同様にして，

$$x_j = \sum_k p_{kj} x'_j \tag{2.21}$$

である．さて，座標系に依存する3成分の量があって，S_1 では (u_1, u_2, u_3)，

S' では (u'_1, u'_2, u'_3) であったとしよう．この 2 つの数字のセットが，位置ベクトルの成分と同じ関係，

$$u'_k = \sum_{i=1}^{3} p_{ki} u_i \tag{2.22}$$

で変換されるとき，u を（反変）ベクトルとよぶ．

一方，座標系の回転によって大きさの変らない 1 成分量，すなわち，

$$\rho(x_1, x_2, x_3) = \rho'(x'_1, x'_2, x'_3) \tag{2.23}$$

と変換する量をスカラーとよぶ．質量，電荷，エネルギー，ベクトルの長さといった物理量はスカラーである．したがって，ベクトルの内積をスカラー積ともよぶ．なお

$$v'_k = \sum_{i=1}^{3} p_{ik} v_i \tag{2.24}$$

のような変換も可能で，この v を共変ベクトルとよぶ．

問題 2.1 対角線が直交する平行四辺形は，菱形であることを示せ． □

[解] 平行四辺形の辺のベクトルをそれぞれ a と b とする．このとき対角線を表すベクトルは $a + b$，および，$a - b$ であるから，題意より，

$$(a + b) \cdot (a - b) = a^2 - b^2 = a^2 - b^2 = 0 \tag{2.25}$$

となる．したがって，$|a| = |b|$ となって，菱形であることがわかった．■

ところで，直角座標系をつくるとき，x_1, x_2 と直線を引いた後，3 本目の x_3 には，図 2.5 のように x_1 から x_2 に向かって右手を握ったときに親指の向く方向を x_3 ととる場合と，逆に，x_1 から x_2 に向かって左手を握ったときに親指の向く方向をとる場合の 2 つが可能である．この 2 つの座標系は，座標軸を原点の周りに回転することによっては互いに重ね合せることができない．そこで，これらに別の名前をつけて，前者を右手系，後者を左手系とよぶことにしよう．右手系と左手系は，互いに鏡に映した関係，鏡映の関係，にある．以下，

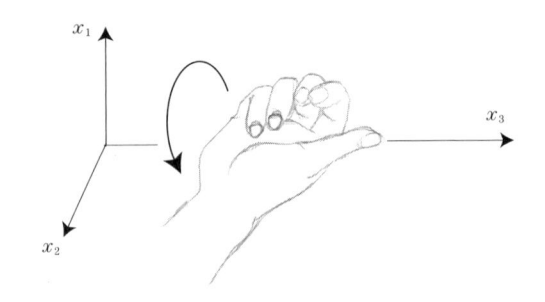

図 2.5 右手の手のひらを x_1 軸から x_2 軸の方向へ向かって握ったとき，親指の向く方向を x_3 軸とする座標系を右手系とよぶ．左手を用いて同じ操作をしてでき上がる座標系は左手系である．

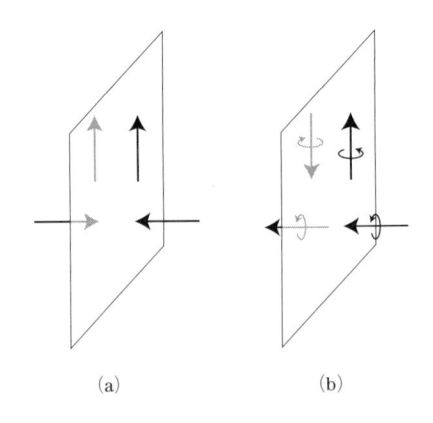

図 2.6 (a) 極性ベクトルと (b) 軸性ベクトルをそれぞれ鏡に映したときのベクトルの向き

本書では特に断らないかぎり，右手系を用いて議論をすすめる．

さて，削った鉛筆のように方向をもったものを鏡に映してみよう．すると図 2.6 (a) のように，鏡の面と平行においたときは向きが変わらないが，垂直においたときは反対向きになる．この鉛筆と同じような振舞いをするベクトルを極性ベクトルとよぶことにしよう．したがって，位置ベクトルは極性ベクトルである．

次に回転している物体を考え，この回転の向きと回転の速さをベクトルを使っ

て表現してみよう*1).例えば,回転の向きに右手を握ったときに親指の向く方向をベクトルの向きに,回転の速さをベクトルの大きさにといった風にである.このようなベクトルを鏡に映すとどうなるだろうか.鉛筆でも回しながら鏡に映せばわかるように,鏡の面と垂直方向の成分は同じ方向を向いているが,面内の成分はその方向が変る.図 2.6 (b) にこの様子を示した.このようなベクトルを軸性ベクトル,あるいは,擬ベクトルとよぶ.

ベクトルの積には,先に述べた内積に加えて,外積(ベクトル積)とよばれる積が定義されている.これは,図 2.7 のように,a から b に向かって右手を握ったときの親指の方向を向き,すなわち,もとの2つのベクトルに垂直で,その長さは,

$$|\boldsymbol{a} \times \boldsymbol{b}| = |a||b|\sin\theta \tag{2.26}$$

で与えられる.ここで θ は a と b のなす角である.すなわち,$|\boldsymbol{a} \times \boldsymbol{b}|$ は,a と b によってつくられる平行四辺形の面積に対応している.

定義より明らかなように,外積は可換ではなく,積の順序を入れ替えると符号が変る.すなわち,

$$\boldsymbol{a} \times \boldsymbol{b} = -\boldsymbol{b} \times \boldsymbol{a} \tag{2.27}$$

である.内積と同様,外積にも分配則が成り立つ.すなわち,

$$\boldsymbol{x} \times (\boldsymbol{y} + \boldsymbol{z}) = \boldsymbol{x} \times \boldsymbol{y} + \boldsymbol{x} \times \boldsymbol{z} \tag{2.28}$$

である.

図 2.7 からわかるように,単位ベクトル間の外積は,

$$\boldsymbol{e}_1 = \boldsymbol{e}_2 \times \boldsymbol{e}_3 \tag{2.29}$$

$$\boldsymbol{e}_2 = \boldsymbol{e}_3 \times \boldsymbol{e}_1 \tag{2.30}$$

$$\boldsymbol{e}_3 = \boldsymbol{e}_1 \times \boldsymbol{e}_2 \tag{2.31}$$

である.添え字が $(1,2,3)$, $(2,3,1)$, $(3,1,2)$ とサイクリックに変化していることに注意する.したがって,一般のベクトル $\boldsymbol{a} = (a_1, a_2, a_3)$ と $\boldsymbol{b} = (b_1, b_2, b_3)$

---

*1) 回転の向きと速さを表す量がベクトルであるかは議論を要する.これは「力学 II」の,座標軸の回転の章で検討するが,ここではとりあえずベクトルであるとして,先にすすもう.

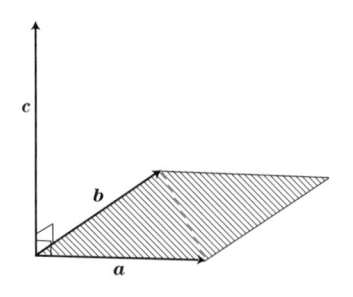

図 2.7 ベクトルの外積

の外積 c の成分は，分配則を用いて，

$$c_1 = a_2 b_3 - a_3 b_2 \tag{2.32}$$

$$c_2 = a_3 b_1 - a_1 b_3 \tag{2.33}$$

$$c_3 = a_1 b_2 - a_2 b_1 \tag{2.34}$$

とやはり添え字をサイクリックに変化させて与えられる．これは行列式を用いて，

$$c = \begin{vmatrix} e_1 & e_2 & e_3 \\ a_1 & a_2 & a_3 \\ b_1 & b_2 & b_3 \end{vmatrix} \tag{2.35}$$

と書いてもよい．

　以上，ベクトルとスカラーという数学的な量を導入した．これを拡張して，座標に関わる2つの添え字をもつ量 a_{ij} を考えることもできる．座標の回転とともに各成分が，

$$a'_{ij} = \sum_{k,l} p_{ik} p_{jl} a_{ij} \tag{2.36}$$

のように変換するとき，これを2階の（反変）テンソルとよぶ．定義より明らかなように，これは n 階のテンソルに容易に拡張することができる．また，ベクトル，スカラーは，それぞれ，1階，0階のテンソルである．

2.2 速度と加速度

まず，直線上を運動している物体を考えよう．横軸に時刻，縦軸に物体の位置をとったとき，その様子が図 2.8 のようになったとする．ある有限の時間間隔 Δt の間に，物体が移動した距離を Δx とすると，Δt の間における物体の平均速さ $v_{平均}$ は，

$$v_{平均} = \frac{\Delta x}{\Delta t} \tag{2.37}$$

と書いてよいだろう．ここで測定する時間間隔 Δt を無限に小さくすると，ある時刻における物体の速さ v を定義することができる．すなわち，

$$v = \lim_{\Delta t \to 0} \frac{\Delta x}{\Delta t} = \frac{dx}{dt} \tag{2.38}$$

である．このように，速さは図 2.8 における物体の位置と時刻の関係を表す曲線に接する直線の勾配で与えられる．簡単のため，dx/dt を，$\dot{x}$ と書くことがある．同様にして，t に関する 2 回微分 d^2x/dt^2 を $\ddot{x}$ と書く．

3 次元空間における方向をもった速度も同様に考えることができる．図 2.9 に示したように，ある物体の位置が時刻とともに変化するとき，時刻 t における物体の位置ベクトルを $\boldsymbol{r}(t)$ と書くと，

$$\boldsymbol{v} = \lim_{\Delta t \to 0} \frac{\boldsymbol{r}(t+\Delta t) - \boldsymbol{r}(t)}{\Delta t} = \lim_{\Delta t \to 0} \frac{\Delta \boldsymbol{r}}{\Delta t} = \frac{d\boldsymbol{r}}{dt} = \dot{\boldsymbol{r}} \tag{2.39}$$

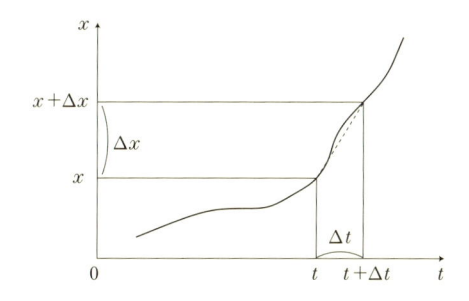

図 2.8 平均の速さ

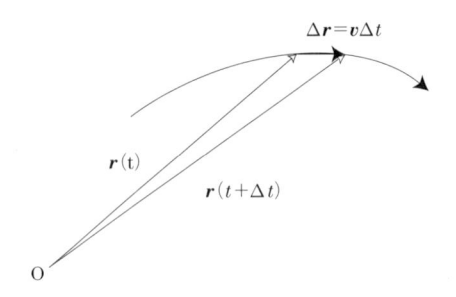

図 2.9 位置ベクトルと速度ベクトル

である．図より明らかなように，v は質点の軌跡の接線方向を向いている．これを成分で考えれば，

$$\begin{aligned}
v &= \lim_{\Delta t \to 0} \frac{\sum_{i=1}^{3} x_i(t+\Delta t) e_i - \sum_{i=1}^{3} x_i(t) e_i}{\Delta t} \\
&= \sum_{i=1}^{3} \lim_{\Delta t \to 0} \frac{x_i(t+\Delta t) - x_i(t)}{\Delta t} e_i = \sum_{i=1}^{3} \frac{dx_i}{dt} e_i
\end{aligned} \quad (2.40)$$

となる．

同様に，速度の変化率，加速度も定義することができ，

$$\alpha = \lim_{\Delta t \to 0} \frac{\Delta v}{\Delta t} = \dot{v} = \ddot{r} \quad (2.41)$$

である．

以上の手続きから明らかなように，速度と加速度はともにベクトルである[*2]．ただし，時刻がどんな性質をもっていて，どのように測定すればよいかは自明であると仮定している．

問題 2.2 時刻 t に依存する 2 つのベクトル $u(t)$ と $v(t)$ の内積，および，外積の微分は，

[*2] 式 (2.41) のように数式を変形するとき，いくつも「等号」を用いる．例えば，式 (2.41) のはじめの等号は，速度による加速度 α の定義式であって，"≡" という記号を用いることによってより明確に表すことがある．一方，例えば，$x^2 + 2x + 1 = (x+1)^2$ は恒等式であって，この場合の等号は，両辺が同値変形で結ばれることを示している．方程式（例えば，$x^2 + 2x + 1 = 0$）で用いる等号は，これをみたすとき，x はいくらになるか求めよという意味の条件式を表す．このように等号にはいくつかの異なった意味があるので，等号を含む式を扱う場合には，これが何を意味するかを意識する必要がある．

$$\frac{d(\boldsymbol{u}\cdot\boldsymbol{v})}{dt}=\frac{d\boldsymbol{u}}{dt}\cdot\boldsymbol{v}+\boldsymbol{u}\cdot\frac{d\boldsymbol{v}}{dt} \tag{2.42}$$

$$\frac{d(\boldsymbol{u}\times\boldsymbol{v})}{dt}=\frac{d\boldsymbol{u}}{dt}\times\boldsymbol{v}+\boldsymbol{u}\times\frac{d\boldsymbol{v}}{dt} \tag{2.43}$$

となることを示せ． □

［解］ 両方とも同じようにしてできるので，ここでは外積の微分を考える．

$$\begin{aligned}\frac{d(\boldsymbol{u}\times\boldsymbol{v})}{dt}&=\lim_{\Delta t\to 0}\frac{(\boldsymbol{u}+\Delta\boldsymbol{u})\times(\boldsymbol{v}+\Delta\boldsymbol{v})-\boldsymbol{u}\times\boldsymbol{v}}{\Delta t}\\ &=\lim_{\Delta t\to 0}\left(\frac{\boldsymbol{u}\times\Delta\boldsymbol{v}}{\Delta t}+\frac{\Delta\boldsymbol{u}\times\boldsymbol{v}}{\Delta t}+\frac{\Delta\boldsymbol{u}\times\Delta\boldsymbol{v}}{\Delta t}\right)\end{aligned} \tag{2.44}$$

ここで第3番目の式の第3項の分子は2次の微少量，分母は1次の微少量であるので，$\Delta t\to 0$ で $\Delta\boldsymbol{u}\times\Delta\boldsymbol{v}/\Delta t\to 0$ となる．すなわち，

$$\frac{d(\boldsymbol{u}\times\boldsymbol{v})}{dt}=\frac{d\boldsymbol{u}}{dt}\times\boldsymbol{v}+\boldsymbol{u}\times\frac{d\boldsymbol{v}}{dt} \tag{2.45}$$

である． ■

2.3 運動の法則

さて，速度と加速度が以上のように定義できた．これらを用いてニュートンの運動の法則を考えよう．これは以下の3つの部分からなる．

1. **ニュートンの第1法則：慣性の法則**
   加速されていない観測系において，質点に外から力が働かなければ，その物体は，そのまま静止し続けるか，あるいは，等速直線運動を続ける．
2. **ニュートンの第2法則：運動の法則**
   加速されていない観測系において，質点に働く力 $\boldsymbol{f}$ は，その質点の質量 m と加速度 $\boldsymbol{\alpha}$ の積，

$$m\boldsymbol{\alpha}=\boldsymbol{f} \tag{2.46}$$

に等しい．すなわち，各成分ごとに

$$m\alpha_1=f_1 \tag{2.47}$$

$$m\alpha_2 = f_2 \tag{2.48}$$
$$m\alpha_3 = f_3 \tag{2.49}$$

が成立する．

3. ニュートンの第 3 法則：作用反作用の法則

質量 m_1, m_2 の 2 つの質点が相互作用するとき，互いに相手に及ぼす力 $\boldsymbol{f}_1$, $\boldsymbol{f}_2$ は，大きさが同じで方向が反対である．すなわち，

$$\boldsymbol{f}_1 + \boldsymbol{f}_2 = 0 \tag{2.50}$$

なる関係がある．

たぶん，よく知っていることばかりで，何も問題がないように思われるが，ちょっと考えると，例えば，第 1 法則は単に第 2 法則の特別な場合だから，何も法則ということはないじゃないか，とか，ここでは，「力」とか，「質量」とか無定義で使われているけれど，一体これは何だとか，第 2 法則は，質量と力が独立にわかっていてその関係を示しているのか，あるいは，どちらかが他方を定義しているのだろうか，など，いろいろきりがなく疑問が湧いてくる．頭をもう少し整理するため，以下のように考えてみることにしよう．

まず，第 1 法則から始める：「"加速されていない観測系"において，質点に外から"力"が働かなければ，その物体は，そのまま静止し続けるか，あるいは，等速直線運動をする」である．観測系とは現象を観測している人あるいは観測する装置が固定されている座標系である．実験室が乗っている座標系という意味で実験室系とよばれることもある．さて，力が働いていない系などわれわれの周りにあるのだろうか．地球の周りを眺めてみると，近くは月，太陽から，はるかに遠くの銀河団まで，延々と続く星々に囲まれていて，これらの間には後に議論する万有引力が働いている．6.4 節で議論するように，物質が球状に一様に分布している場合，そこにいる物体は，球の中心に向かい，中心からの距離に比例する力を受ける．したがって，地球が宇宙の中心にでもないかぎり，力の働かない場所など手に入らないのである．さらに，観測系が加速されているかいないかはどうやって確かめるのだろう．これは，どうも述べ方が変なのだが，要するに，ニュートンの第 1 法則は，加速されていない観測系と

2.3 運動の法則

いうものが少なくとも1つは存在し，そこで質点の運動の様子を観測してこれが等速直線運動なら力が働いていないのだと主張していると考えることができる．なお，すでに考察したように，等速直線運動かどうかは，時々刻々の物体の位置変化を観測することで確かめることができる．

ところで，"力が働かなければ等速直線運動をする"という部分は，先程の石蹴りでも考えたように，われわれの日常経験とは矛盾する．日常的な経験としては，力を加え続けなければ，物体はいずれ静止するからである．一方，惑星は，われわれの関知できる範囲では無窮の動きを続けている．本書のはじめにも述べたが，このように互いに矛盾する現象に出くわした場合，最もナイーブな理解の仕方――あるいは，納得の仕方といってもよいが――は天上と地上を支配する法則が異なると考えることである．例えば，地上では，力が働くと物体は動くが，天空では力が働かなくても運動を続ける，と多元的にとらえるのはひとつの理解の仕方であろう．ところが，物理学では，自然は統一的に理解できると信じ，統一的に理解できるためにはどのような法則が成立しているかを追求しようとする．このような"信念"の問題は通常，相対的なのだが，物理学は実に多様な自然現象を説明することに成功している．そしてまた，その成功のゆえに，物理学的な考え方，パラダイムが普遍的であるとして一般社会の考え方にも大きな影響を与えてきた．

統一的に物事を把握しようとする上のような考え方は，しかし，プリミティブな仕方ではいずれ成功しない．成功しないからこそ多元的に物事をとらえる考え方が近代に至るまでの長い間支持されてきたのである．したがって，統一的把握を有効にするために，非明示的ながら重要な仮定が同時になされることになる．それは，現象には本質的な部分と付加的，補足的，非本質的な部分があるとすることである．後で議論するように，ニュートン力学は，保存力と，そこから導かれるエネルギー保存則を重要な基本概念としているが，同時に摩擦力等の現象論的な力を導入し，現実に観測される事実との整合性を図っている．もちろん，この現象論的な力を基本的な力に戻って議論することは次のステップで扱われることになる．

さて，第1法則がそれなりに位置づけられた．次に，第2法則をとばして，第3法則を考察しよう．まだ力は定義されていないので，第3法則を，「第1法

則によって保証された加速されていない観測系に質点が 2 つあり，外から力が働いていないときに，この 2 つの質点の運動を観測すると，それぞれの質点の加速度 $\boldsymbol{\alpha}_1$, $\boldsymbol{\alpha}_2$ の間には，

$$m_1\boldsymbol{\alpha}_1 + m_2\boldsymbol{\alpha}_2 = 0 \tag{2.51}$$

の関係がある」と読み直すことにする．ここで現れる比例定数 m_1 と m_2 を物体（質点）の慣性質量とよぶ．加速度の測定法はすでに知っているので，これを通して，物体（質点）の質量が定義されることになる．式 (2.51) は，さらに m_1, m_2 は運動方向によらないことを主張している[*3]．

上に出てきた質点についても少し考察しておこう．例えば，さいころが空間に浮かんでいるところを想像してみる．これがどんなさいころかをはっきりと表現しようとすると，質量をはじめとして，大きさ，色，形，材質等を順次述べなければならない．これが一点にとどまっている場合でも，回転したり，こんにゃくのように変形して振動しているかもしれない，あるいは，白熱していたり，氷のように冷たいかもしれない．このようにふつうの物質がどんな状態にあるかを指定するにはいろいろと説明を要するし，運動の様子も一般にはそのサイコロの性質，状態に依存するであろう．そこで，問題を簡単化して考えるため，まずは，大きさが無視できるほど小さく，回転振動などの内部自由度がなく，しかし質量はもっている物質を考え，これを質点とよぶことにする．無視できるほど小さいというのは，考えている運動の移動領域と比べてその大きさが十分小さいということであろう．回転とか振動とかいった内部運動が無視できるためにはどのような条件がみたされなければならないかは興味深い問題で，これは「力学 II」で議論することになる．もう一点，当然のことながら，質点には問題とする力が働かなければならない．すなわち，万有引力が働く，また，電気力が働く等の属性をもつ．

以上の準備をすませてから，おもむろに第 2 法則にすすむ．すでに質量，加速度がわかったから，第 2 法則は，要するに質量と加速度を使って，力をどのように測定すればよいかを示していると考えることができる．そうして，ある

[*3] これは空間が等方的であるためで，結晶など等方的でない物質中を移動する電子は方向によって異なる質量をもつように振る舞うことが知られている．

物理学30講シリーズ〈全10巻〉

著者自らの言葉と表現で語りかける大好評シリーズ　A5判

1. 一般力学30講
戸田盛和著　208頁　本体3600円
ISBN4-254-13631-5　注文数　　冊

力学の最も基本的なところから問いかける。〔内容〕力の釣り合い／力学的エネルギー／単振動／ぶらんこの力学／単振り子／衝突／惑星の運動／ラグランジュの運動方程式／最小作用の原理／正準変換／断熱定理／ハミルトン-ヤコビの方程式

2. 流体力学30講
戸田盛和著　216頁　本体3600円
ISBN4-254-13632-3　注文数　　冊

多くの親しみやすい話題と有名なパラドックスに富む流体力学を縮まない完全流体から粘性流体に至るまで解説。〔内容〕球形渦／渦糸／渦列／粘性流体の運動方程式／ポアズイユの流れ／ストークスの抵抗／ずりの流れ／境界層／他

3. 波動と非線形問題30講
戸田盛和著　232頁　本体3400円
ISBN4-254-13633-1　注文数　　冊

流体力学に続くシリーズ第3巻では、波と非線形問題を、著者自身の発見の戸田格子を中心に解説。〔内容〕ロトカ-ヴォルテラの方程式／逆散乱法／双対格子／格子のNソリトン解／2次元KdV方程式／非対称な剛体の運動／他

4. 熱現象30講
戸田盛和著　240頁　本体3700円
ISBN4-254-13634-X　注文数　　冊

熱の伝導、放射、凝縮等熱をとりまく熱現象を熱力学からていねいに展開していく。〔内容〕熱力学の第1、2法則／エントロピー／熱平衡の条件／ミクロ状態とエントロピー／希薄溶液／ゆらぎの一般式／分子の分布関数／液体の臨界点／他

5. 分子運動30講
戸田盛和著　224頁　本体3400円
ISBN4-254-13635-8　注文数　　冊

〔内容〕気体の分子運動／初等的理論への反省／気体の粘性／拡散と熱伝導／光の散乱／流体力学的効果／重い原子の運動／ブラウン運動／拡散方程式／拡散率と易動度／ガウス過程／揺動散逸定理／ウィナー-ヒンチンの定理／他

6. 電磁気学30講
戸田盛和著　216頁　本体3400円
ISBN4-254-13636-6　注文数　　冊

〔内容〕電荷と静電場／電場と電荷／電荷に働く力／磁場とローレンツ力／磁場の中の運動／電気力線の応力／電磁場のエネルギー／物質中の電磁場／分極の具体例／光と電磁波／反射と透過／電磁波の散乱／種々のゲージ／ラグランジュ形式／他

7. 相対性理論30講
戸田盛和著　244頁　本体3800円
ISBN4-254-13637-4　注文数　　冊

〔内容〕光の速さ／時間／ローレンツ変換／運動量の保存と質量／特殊相対論的力学／保存法則／電磁場の変換／テンソル／一般相対性理論の出発点／アインシュタインのテンソル／シュワルツシルトの時空／光線の湾曲／相対性理論の検証／他

8. 量子力学30講
戸田盛和著　208頁　本体3400円
ISBN4-254-13638-2　注文数　　冊

〔内容〕量子／粒子と波動／シュレーディンガー方程式／古典的な極限／不確定性原理／トンネル効果／非線形振動／水素原子／角運動量／電磁場と局所ゲージ変換／散乱問題／ヴィリアル定理／量子条件とポアソン括弧／経路積分／調和振動子他

9. 物性物理30講
戸田盛和著　240頁　本体3500円
ISBN4-254-13639-0　注文数　　冊

〔内容〕水素分子／元素の周期律／分子性物質／ウィグナー分布関数／理想気体／自由電子気体／自由電子の磁性とホール効果／フォトン／スピン波／フェルミ振子とボース振子／低温の電気抵抗／近藤効果／超伝導／超伝導トンネル効果／他

＊本体価格は消費税別です（2002年2月1日現在）

▶お申込みはお近くの書店へ◀

朝倉書店

162-8707 東京都新宿区新小川町6-29
営業部　直通 (03) 3260-7631　FAX (03) 3260-0180
http://www.asakura.co.jp　eigyo@asakura.co.jp

〈したしむ物理工学〉

核となる考えに重点を置き、真の理解をめざす新しい入門テキスト　A5判

したしむ振動と波

志村史夫著　168頁　本体3200円
ISBN4-254-22761-2　　注文数　　冊

日常の生活で、振動と波の現象に接していることは非常に多い。本書は身近な現象を例にあげながら、数式は感覚的理解を助ける有効な範囲にとどめ、図を多用し平易に基礎を解説。〔内容〕振動／波／音／電磁波と光／物質波／波動現象

したしむ電磁気

志村史夫監修　小林久理真著　160頁　本体2700円
ISBN4-254-22762-0　　注文数　　冊

電磁気学の土台となる骨格部分をていねいに説明し、数式のもつ意味を明解にすることを目的。〔内容〕力学の概念と電磁気学／数式を使わない電磁気学の概要／電磁気学を表現するための数学的道具／数学的表現も用いた電磁気学／応用／まとめ

したしむ量子論

志村史夫著　176頁　本体2900円
ISBN4-254-22763-9　　注文数　　冊

難解な学問とみられている量子力学の世界。実はその仕組みを知れば身近に感じられることを前提に、真髄・哲学を明らかにする書。〔内容〕序論：さまざまな世界／古典物理学から物理学へ／量子論の核心／量子論の思想／量子力学と先端技術

したしむ磁性

志村史夫監修　小林久理真著　196頁　本体3200円
ISBN4-254-22764-7　　注文数　　冊

先端的技術から人間生活の身近な環境にまで浸透している磁性につき、本質的な面白さを堪能すべく明解に説き起こす。〔内容〕序論／磁性の世界の階層性／電磁気学／古典論／量子論／磁性／磁気異方性／磁壁と磁区構造／保磁力と磁化反転

したしむ固体構造論

志村史夫著　184頁　本体3400円
ISBN4-254-22765-5　　注文数　　冊

原子や分子の構成要素が3次元的に規則正しい周期性を持って配列した物質が結晶である。本書ではその美しさを実感しながら、物質の構造への理解を平易に追求する。〔内容〕序論／原子の構造と結合／結晶／表面と超微粒子／非結晶／格子欠陥

したしむ熱力学

志村史夫著　168頁　本体3000円
ISBN4-254-22766-3　　注文数　　冊

エントロピー，カルノーサイクルに代表されるように熱力学は難解な学問と受け取られているが，本書では基本的な数式をベースに図を多用し具体的な記述で明解に説き起す〔内容〕序論／気体と熱の仕事／熱力学の法則／自由エネルギーと相平衡

フリガナ		TEL
お名前		（　　　）　－
ご住所（〒　　　）		自宅・勤務先（○で囲む）

帖合・書店印	ご指定の書店名
	ご住所（〒　　　）
	TEL（　　　）　－

02-011

2.3 運動の法則

力の性質がわかると，今度はその力が別の物体に働いたとき，どのよう運動を引き起こすかを第2法則に問うことが可能になる．この議論から明らかなように，力もまたベクトルである．したがって，1つの質点に2つ以上の力が働いているとき，質点の運動は，ベクトル的に足された力に対して考えればよい．

このように，すべては整合的に理解されることになった．これで，ニュートン力学の範囲内での物体の運動を支配する法則はおしまいである．よくよく考えてみるとこれは大変な主張であって，まず第一に，物体の運動は，運動の法則という普遍的な法則に従っており，具体的な運動がどうなるかはこれにどのような力が働くかに依存すると主張している．第2法則を，$\boldsymbol{a} = d^2\boldsymbol{r}/dt^2$ を用いて書き直すと，

$$m\frac{d^2\boldsymbol{r}}{dt^2} = \boldsymbol{f} \tag{2.52}$$

となる．すなわち，物体は位置ベクトルの時刻に関する2階微分と物体の質量を掛けたものが物体に働く力に等しくなるように運動する．力と直接関係をもつのは加速度で，速度でも加速度のさらなる時間微分でもなく，物体の位置の時刻に関する2階微分のみが本質的であるという主張となっている．このように"簡単な"法則が，日常目にする実に多彩な現象を説明できるのはどうしてであろうか．それは，われわれが目にする物質がアボガドロ数といった（〜 10^{23} 個）きわめて多数の粒子からなっており，個々の原子が式 (2.52) の微分方程式に従って運動するため，具体的な運動が初期条件によってさまざまに変化するためである．ある時刻における位置と速度にはそれぞれ無限の可能性があるので，結果として現れる現象も無限の多様性を示すのだが，逆に，ある時刻における位置と速度さえ決めてしまえば，任意の時刻における位置と速度が正確に予言できるようにみえるし，また，そのように信じられてきた．そういう意味では，ニュートン力学は，過去，現在，未来にわたる決定論的世界観を支持し，ある種の現実肯定と諦念を人々に与えることにもなったが，後年になって，現象をより根元的に支配している量子力学においては事象の継起はその確率を予言できるにとどまることがわかって，決定論的世界観は影を潜めることになる．また，ニュートン力学の範囲でも多粒子系はいわゆるカオス的振舞いをすることが知られるようになり，およそ決定論的には物事がすすまないことがわかっ

てきた(「力学 II」参照).一寸先は闇ともいえるし,ちょっと強引ながら,未来は自分が開くともいえるかもしれないが,この辺の議論はとりあえず本書で扱う力学の守備範囲外である.

3次元空間内の運動は,ベクトル成分のそれぞれについて考えればいいというのも,また,自然が簡明であるという強烈な主張の1つである.運動を成分に分けて議論することは,ニュートンより前,ガリレオに遡ることができる.物質の落下運動を詳しく調べるため斜面を使って物質を落し,詳しく運動を調べたガリレオの実験はよく知られている.さらに,p.22で述べた運動が物質の他の性質によらず,質量という1つのパラメータのみで決定されるという主張もおよそ当たり前ではない.

さて,$\bm{p} \equiv m\dot{\bm{r}}$ で運動量を定義すると,第2法則を「運動量の時間変化は,力に比例する」と読むこともできる.この運動量という量は,いまのところ単に質量と速度の積にすぎないが,相対論的枠組みでは,質量が0の"粒子"(例えば光子)についても運動量を定義することができるようになり,より守備範囲の広い普遍的な物理量であることが知られている(「力学 II」参照).

式 (2.52) において,時間のすすむ向きを反対にとってみよう.すなわち $t \to -t$ とする.このとき,

$$m\frac{d^2\bm{r}}{d(-t)^2} = m\frac{d^2\bm{r}}{dt^2} \tag{2.53}$$

となるので,力が時刻に依存しない場合,時間のすすむ向きを逆にとっても第2法則は同じように成り立つことがわかる.これを,ニュートンの第2法則は時間反転不変であるという.すなわち,物理現象を記録した映画を逆さ向きに上映しても現実の世界と区別がつかないということで,上の議論から明らかなように,この時間反転不変性は式 (2.52) が偶数回の微分方程式をみたすという事情からきている.実際,惑星の運動をビデオにとって逆に映写しても,おかしなところはみられないであろう.すなわち,天体の運動は,式 (2.53) の主張するように,可逆的な現象にみえる.一方,日常目にする現象は明らかに時間反転に対して不変ではない.例えば,ピンポン玉を適当な高さから床に落下させると,何度か弾んだ後,静止する.これをやはりビデオにとって逆に映写すると,静止していたピンポン玉が弾み出し,次第に大きく弾むようにみえて明らかに

不自然である．3.5 節で議論するように，これは，時間に関する奇数階の微分など，時間反転に対して不変でない現象論的な力が関与しているためであると考えることができる．地上で日常的に観測される物体の運動は多くの場合，このように "不可逆" である．不可逆現象はこのほかにも温度分布の均一化，混合溶液組成の均一化，など多種多様に存在する．物体の運動を支配している根本の法則が（式 2.52）であるとすると，どうやって，2 階の微分方程式から，奇数階の微分方程式が出てくるのだろうか．これは大変興味深い問題で，第 1 章でふれた統計力学といった分野で議論される．

2.4 簡単な微分方程式の解法

式 (2.52) でみたように，質点の運動は時刻に関する 2 階の微分方程式で与えられる．したがって，$\bm{v} = d\bm{r}/dt$ とおくと，

$$\frac{d\bm{v}}{dt} \equiv \lim_{\Delta t \to 0} \frac{\bm{v}(t+\Delta t) - \bm{v}(t)}{\Delta t} = \frac{\bm{f}}{m} \tag{2.54}$$

$$\frac{d\bm{r}}{dt} \equiv \lim_{\Delta t \to 0} \frac{\bm{r}(t+\Delta t) - \bm{r}(t)}{\Delta t} = \bm{v}(t) \tag{2.55}$$

である．式 (2.54)，(2.55) を，$\bm{v}(t+\Delta t)$，および，$\bm{r}(t+\Delta t)$ について解くと，

$$\bm{v}(t+\Delta t) = \bm{v}(t) + \frac{\bm{f}}{m}\Delta t \tag{2.56}$$

$$\bm{r}(t+\Delta t) = \bm{r}(t) + \bm{v}(t)\Delta t \tag{2.57}$$

となる．すなわち，ある時刻 $t = t_0$ における質点の位置 $\bm{r}(t_0)$ と速度 $\bm{v}(t_0)$ を与えれば（これを初期条件とよぶ），式 (2.56) と式 (2.57) の差分方程式を十分小さな Δt に対して順次解くことによって，任意の時刻 t における位置，速度を知ることができる．さらに，いろいろな初期条件についてこの差分方程式を解き，全体を注意深く眺めれば，考えている力 $\bm{f}$ に特徴的な運動の性質を帰納的に導くこともできるであろう．これはいわばコンピュータによる実験であって，コンピュータの高速化に伴って広範な科学の分野で実用化されている．しかしながら，もし微分方程式を解析的に解くことができれば，その運動の一般的性質を演繹的に知ることができてきわめて好都合である．そこで，本節では

微分方程式の簡単な解法を議論し，後に運動の一般的性質を鳥瞰するための準備をしよう．

2.4.1 テイラー展開

微分方程式を解いて得られる解を解釈するために必要になるので，まず，テイラー展開から始める．関数 $f(x)$ を考え，これが x に関してなめらか，すなわち，微分可能であるとしよう．$f(x)$ が $x = x_0$ の付近で，どんな振舞いをしているかをみるため，

$$f(x) = \sum_{n=0}^{\infty} a_n (x - x_0)^n \tag{2.58}$$

と級数展開してみる．式 (2.58) の両辺を n 回微分し，$x = x_0$ を代入すると，

$$f^{(n)}(x_0) = n! a_n \tag{2.59}$$

が得られる．ここで，$f^{(n)}(x_0)$ は，$f(x)$ を x に関して n 回微分した後，$x = x_0$ を代入することを意味する．ただし，$n!$ は

$$n! = n \cdot (n-1) \cdot (n-2) \cdots 2 \cdot 1 \tag{2.60}$$

で定義される階乗を表す．したがって，

$$f(x) = \sum_{n=0}^{\infty} \frac{f^{(n)}(x_0)}{n!} (x - x_0)^n \tag{2.61}$$

となる．もちろんこのような展開が可能なのは一般には $x = x_0$ の近傍に限られている．例として，指数関数と三角関数を原点付近で展開すると，

$$\exp x = \sum_{n=0}^{\infty} \frac{x^n}{n!} = \frac{1}{0!} + \frac{x}{1!} + \frac{x^2}{2!} + \frac{x^3}{3!} + \cdots \tag{2.62}$$

$$\sin x = \sum_{n=0}^{\infty} (-1)^n \frac{x^{2n+1}}{(2n+1)!} = \frac{x}{1!} - \frac{x^3}{3!} + \frac{x^5}{5!} - \frac{x^7}{7!} + \cdots \tag{2.63}$$

$$\cos x = \sum_{n=0}^{\infty} (-1)^n \frac{x^{2n}}{(2n)!} = 1 - \frac{x^2}{2!} + \frac{x^4}{4!} - \frac{x^6}{6!} + \cdots \tag{2.64}$$

となる．

問題 2.3 $\sin x$ を $x = \pi/2$ でテイラー展開してみよう． □

[解]

$$\sin x = 1 - \frac{1}{2!}\left(x - \frac{\pi}{2}\right)^2 + \frac{1}{4!}\left(x - \frac{\pi}{2}\right)^4 - \frac{1}{6!}\left(x - \frac{\pi}{2}\right)^6 \quad (2.65)$$

■

このような展開が実際にどの程度有効かをみるため，正弦関数の $x = 0$ および，$x = \pi/2$ における数項までの展開関数を図 2.10 に示す．展開の項数を増やすと，近似の良い領域が次第に広がることがわかる．展開関数の近似の良さをもう少し定量的にとらえるため，級数の収束性に注目してみよう．正弦関数を例に，式 (2.63) の第 n 項と第 $n+1$ 項の比をとると

$$\frac{x^{2n+1}/(2n+1)!}{x^{2n-1}/(2n-1)!} = \frac{x^2}{2n(2n+1)} \quad (2.66)$$

となる．例えば，この比が 0.1 より小さければ近似は良いと考えると，

$$x \lesssim 0.6n \quad (2.67)$$

が得られる．すなわち，展開の第 n 項までとっておけば，$x \sim 0.6n$ 程度までは，展開関数を近似式として使えるだろうというわけである．図 2.10 は実際，

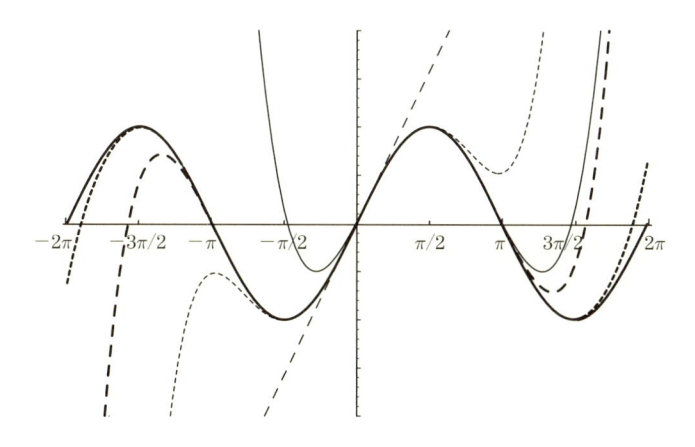

図 2.10 正弦関数（太い実線），原点における第 1 項（細い破線），第 3 項（細い点線），第 5 項（太い破線），第 7 項（太い点線），および，$x = \pi/2$ における第 3 項（細い実線）までの展開関数

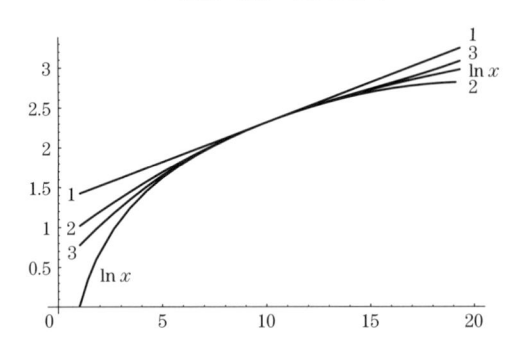

図 2.11 対数関数 (図中の $\ln x$) と $x = 10$ の周りにおける級数展開. 第 1 項 (図中の 1), 第 2 項 (図中の 2), 第 3 項 (図中の 3) までの展開

これが妥当な予測であることを示している. 他の関数をべき展開するときも同様に考えればよい.

問題 2.4 $\ln x$ を $x = x_0$ でテイラー展開し, 展開が有効な範囲を考えてみよう. □

[解]

$$\ln x = \ln x_0 + \frac{x - x_0}{x_0} - \frac{(x - x_0)^2}{2x_0^2} + \frac{(x - x_0)^3}{3x_0^3} - \frac{(x - x_0)^4}{4x_0^4} + \cdots \quad (2.68)$$

なので, 第 n 項と第 $n-1$ 項の比に上と同じ条件,

$$\frac{n-1}{n}\frac{x - x_0}{x_0} < 0.1 \quad (2.69)$$

を課すと, これは展開の項数にあまり依存しないことがわかる. すなわち, 展開の項数を増やしても, 近似の程度は上がるが, 展開が有効になる領域はたいして拡がらない. この様子を図 2.11 に示した. 上で議論した $\sin x$ の場合と比較すると興味深い. ∎

さて, 式 (2.62)〜(2.64) を用いると, 虚数を引数とする指数関数と $\sin x$, $\cos x$ が関係づけられ,

$$\exp(ix) = \cos x + i\sin x \quad (2.70)$$

であることがわかる. これをオイラーの公式とよぶ. このようにして, 虚数を

引数にもつ指数関数という"おかしな"関数に意味づけすることができるようになった．

問題 2.5 式 (2.70) を確認すること． □

逆に，虚数を引数としてもつ三角関数も考えることができる．まず，式 (2.70) から，

$$\cos x = \frac{1}{2}(\exp(ix) + \exp(-ix)) \tag{2.71}$$

$$\sin x = \frac{1}{2i}(\exp(ix) - \exp(-ix)) \tag{2.72}$$

と書けるので，三角関数に虚数の引数を代入し，$\cosh x \equiv \cos ix$, $\sinh x \equiv \sin(ix)/i$ 等により双曲線関数を定義すると，

$$\cosh x \equiv \cos(ix) = \frac{1}{2}(\exp(x) + \exp(-x)) \tag{2.73}$$

$$\sinh x \equiv \frac{\sin(ix)}{i} = \frac{1}{2}(\exp(x) - \exp(-x)) \tag{2.74}$$

$$\tanh x = \frac{\sinh x}{\cosh x} \tag{2.75}$$

であることがわかる[*4]．

x と y を実数とする複素数 $z = x + iy$ の絶対値を考え，これを r と書くと，

$$r = |z| = \sqrt{x^2 + y^2} \tag{2.76}$$

である．ところで，

$$\left(\frac{x}{r}\right)^2 + \left(\frac{y}{r}\right)^2 = \frac{x^2 + y^2}{(\sqrt{x^2 + y^2})^2} = 1 \tag{2.77}$$

であるので，

$$\frac{x}{r} = \cos\theta \tag{2.78}$$

$$\frac{y}{r} = \sin\theta \tag{2.79}$$

とおくことができる．ここで，θ を偏角とよび，$\arg z$ と書く．この関係を用い

[*4] sinh はハイパボリックサイン（hyperbolicsin）と読む．

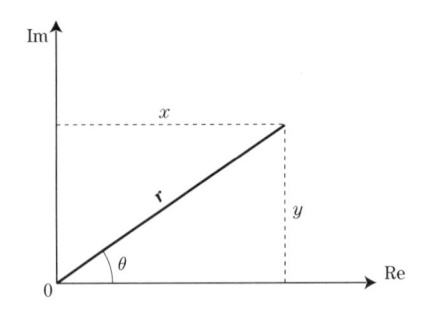

図 2.12 複素平面

ると，複素数は

$$z = x + iy = r(\cos\theta + i\sin\theta) = r\exp(i\theta) \tag{2.80}$$

とも書けることがわかる．z, x, y, r, θ は複素平面上において図 2.12 のような関係にある．

式 (2.80) を用いると，複素数 z の n 乗は

$$z^n = (r\exp(i\theta))^n = r^n \exp(in\theta) = r^n(\cos(n\theta) + i\sin(n\theta)) \tag{2.81}$$

である．ここで得られた偏角部分に関する関係式，

$$(\cos\theta + i\sin\theta)^n = \cos n\theta + i\sin n\theta \tag{2.82}$$

をド・モアブルの定理とよぶ．

問題 2.6 式 (2.82) を用いて，三角関数の n 倍角公式を導け． □

[解] 二項定理から，

$$\begin{aligned}
(a+ib)^n &= \sum_{k=0}^{n} {}_nC_k a^{n-k}(ib)^k \\
&= \sum_{m=0}^{[n/2]} (-1)^m \, {}_nC_{2m} a^{n-2m} b^{2m} \\
&\quad + i\sum_{m=0}^{[n/2]} (-1)^m \, {}_nC_{2m+1} a^{n-2m-1} b^{2m+1}
\end{aligned} \tag{2.83}$$

である．ここで和記号の上限にある $[\nu]$ は ν の整数部分を意味する．これと式 (2.82) の実部と虚部を比較すればよい． ■

2.4.2 線形 2 階常微分方程式

まず，微分方程式の名づけ方から始めよう．方程式に含まれる微分階数の最高次が n の場合，これを n 階の微分方程式とよぶ．関与する独立変数が 1 つの場合を常微分方程式，2 つ以上の場合を偏微分方程式とよぶ．$x, \dot{x}, \ddot{x}, \cdots,$ $x^{(n)}$ のそれぞれのべきが 1 次あるいは 0 次の場合を線形微分方程式とよぶ．

$a(t)$ と $b(t)$ を任意の関数として，

$$\frac{d^2x}{dt^2} + a(t)\frac{dx}{dt} + b(t)x = f(t) \tag{2.84}$$

は線形 2 階の常微分方程式である．ここで

$$p(t) = \frac{dx}{dt} \tag{2.85}$$

とおくと，式 (2.84) は

$$\frac{dp}{dt} + a(t)p + b(t)x = f(t) \tag{2.86}$$

$$p = \frac{dx}{dt} \tag{2.87}$$

と線形 1 階の連立常微分方程式となる．この議論から明らかなように，n 階の常微分方程式は n 個の 1 階連立常微分方程式に書き換えることができる．

式 (2.84) で特に $f(t) = 0$ の場合，これを同次方程式とよぶ．このとき，$x_1(t)$ と $x_2(t)$ がともに式 (2.84) の解であったとすると，κ_1, κ_2 を定数として，線形結合 $\kappa_1 x_1(t) + \kappa_2 x_2(t)$ もやはり解になる．

● $a(t)$ および $b(t)$ が定数である線形 2 階の同次常微分方程式の解：

$$\frac{d^2x}{dt^2} + a\frac{dx}{dt} + bx = 0 \tag{2.88}$$

の解を，

$$x = \kappa \exp(\alpha t) \tag{2.89}$$

と仮定し，式 (2.88) に代入すると，α に関して，

$$\alpha^2 + a\alpha + b = 0 \tag{2.90}$$

という条件が得られる．すなわち，

$$\alpha_{\pm} = \frac{-a \pm \sqrt{a^2 - 4b}}{2} \tag{2.91}$$

である.この2つの解,α_+,α_-,は $a^2 - 4b \neq 0$ であるかぎり,互いに異なっており,したがって,一方の解を他の解を定数倍することによって表すことはできない.これを2つの解は互いに独立であるという.同様にして,線形 n 階の常微分方程式は,一般に n 個の独立な解をもっていることが知られている.さて独立な解が2つ見つかったので,方程式 (2.88) の一般解は,

$$x(t) = \kappa_+ \exp(\alpha_+ t) + \kappa_- \exp(\alpha_- t) \tag{2.92}$$

と書くことができる.式 (2.91) よりわかるように,式 (2.92) は指数関数的に減少(あるいは増加)するか($a^2 - 4b > 0$),あるいは,これに振動が重畳した($a^2 - 4b < 0$)ものになる.

ところで,式 (2.91) で $a^2 - 4b = 0$ の場合,この方法では,独立な解が1つしか得られない.$a^2 - 4b$ がわずかでも0と異なれば2つの独立な解があることに注意して,このわずかな量を $\eta(=\sqrt{a^2-4b})$ とおき,式 (2.92) を

$$x(t) = \kappa_+(e^{\frac{-a+\eta}{2}t} - e^{\frac{-a-\eta}{2}t}) + (\kappa_+ + \kappa_-)e^{\frac{-a-\eta}{2}t} \tag{2.93}$$

と変形すると,

$$x(t) = \kappa_+ e^{\frac{-a}{2}t}(e^{\frac{\eta}{2}t} - e^{-\frac{\eta}{2}t}) + (\kappa_+ + \kappa_-)e^{\frac{-a-\eta}{2}t} \tag{2.94}$$

であるので,$\eta \to 0$ のとき,$\exp(\eta t/2) \sim 1 + \eta t/2$ を用いて,

$$x(t) \sim (\kappa_+ \eta t + \kappa_+ + \kappa_-)\exp\left(-\frac{a}{2}t\right) \tag{2.95}$$

が導かれる.したがって,β,γ を有限の定数として,

$$\kappa_+ \eta \to \beta \tag{2.96}$$

$$\kappa_+ + \kappa_- \to \gamma \tag{2.97}$$

とおくと

$$x(t) = (\beta t + \gamma)\exp\left(-\frac{a}{2}t\right) \tag{2.98}$$

となる.このようにして,$a^2 - 4b = 0$ のときも独立な2つの解($\exp(-\frac{a}{2}t)$

と $t\exp(-\frac{a}{2}t)$) が得られた．
- 線形非同次の 2 階常微分方程式の解：

$$\ddot{x} + a\dot{x} + bx = f(t) \tag{2.99}$$

を考えよう．微分方程式論によれば，線形非同次の 2 階微分方程式の一般解は，同次の微分方程式の一般解と非同次の微分方程式の特解 $x_p(t)$ の和で与えられる．特解というのは，特定の初期条件での微分方程式の解である．したがって，式 (2.99) の一般解は，

$$x(t) = x_p(t) + \kappa_+ x_+(t) + \kappa_- x_-(t) \tag{2.100}$$

と書くことができる．$x_p(t)$ は，同次方程式の 2 つの独立な解 $x_+(t)$, $x_-(t)$ を用いて，

$$x_p(t) = -x_+(t) \int^t \frac{f(t')x_-(t')}{\Delta(t')} dt' + x_-(t) \int^t \frac{f(t')x_+(t')}{\Delta(t')} dt' \tag{2.101}$$

と書ける．ただし，

$$\Delta(t) = x_+(t)\dot{x}_-(t) - \dot{x}_+(t)x_-(t) = \begin{vmatrix} x_+(t) & x_-(t) \\ \dot{x}_+(t) & \dot{x}_-(t) \end{vmatrix} \tag{2.102}$$

である．式 (2.102) に $x_{+(-)} = x_{+(-)0}\exp(\alpha_{+(-)}t)$ を代入し，式 (2.101) を書き直すと

$$\begin{aligned} x_p(t) &= \frac{e^{\alpha_+ t}}{\sqrt{a^2 - 4b}} \int^t f(t')\exp(-\alpha_+ t') dt' \\ &\quad - \frac{e^{\alpha_- t}}{\sqrt{a^2 - 4b}} \int^t f(t')\exp(-\alpha_- t') dt' \end{aligned} \tag{2.103}$$

が得られる．
- x を陽に含んでいない線形非同次の 2 階常微分方程式の解：

$$\frac{d^2 x}{dt^2} + a(t)\frac{dx}{dt} = f(t) \tag{2.104}$$

において，$p \equiv dx/dt$ とおくと，

$$\frac{dp}{dt} + a(t)p = f(t) \tag{2.105}$$

となり，1階の微分方程式に帰着される．式 (2.105) の一般解を得るため，まず，同次方程式，

$$\frac{dp}{dt} + a(t)p = 0 \tag{2.106}$$

を解くことから始めよう．式 (2.106) を変形して，

$$\frac{dp}{p} = -a(t)dt \tag{2.107}$$

とし，これを両辺積分すると，

$$\ln|p| = -\int^t a(t')dt' + C' \tag{2.108}$$

となる．これを整理すると，

$$p(t) = C \exp\left(-\int^t a(t')dt'\right) \tag{2.109}$$

が得られる．ここで $|C| = \exp C'$ とおいた．したがって，これを積分して，

$$x(t) = C \int^t dt' \exp\left(-\int^{t'} a(t'')dt''\right) \tag{2.110}$$

が同次微分方程式 (2.106) の解になる．

さて，式 (2.105) の解を得るため，式 (2.109) に現れた積分定数 C も t の関数であると"思い直し"て，式 (2.109) を式 (2.105) に代入すると，$C(t)$ に関する1階の微分方程式，

$$\frac{dC}{dt} \exp\left(-\int^t a(t')dt'\right) = f(t) \tag{2.111}$$

が得られる．これは簡単に解くことができ，結局，式 (2.105) の解が

$$p(t) = \left[\int^t dt' f(t') \exp\left(\int^{t'} a(t'')dt''\right)\right] \exp\left(-\int^t a(t')dt'\right) \tag{2.112}$$

として得られる．このような微分方程式の解法を定数変化法とよぶ．式

(2.112) を t に関してさらに積分し，これに同次方程式の解，式 (2.110)，を加えると，微分方程式 (2.104) の一般解，

$$x(t) = \int^t \left[\int^{t'} dt'' f(t'') \exp\left(\int^{t''} a(t''')dt''' \right) \right] \exp\left(-\int^{t'} a(t'')dt'' \right)$$
$$+ C \int^t dt' \exp\left(-\int^{t'} a(t'')dt'' \right) \qquad (2.113)$$

が得られる．

問題 2.7 式 (2.101) が式 (2.99) の解になっていることを確かめよ． □

問題 2.8 式 (2.113) が式 (2.104) の解になっていることを確かめよ． □

2.5 物理量の基本単位と物理学

2.2 節では物体の速度と加速度を，それぞれ微少時間 Δt の間に移動する距離 Δr と Δt の比，変化する速度 Δv と Δt の比，として定義した．これは実際のところ，時間や距離を測定する "ものさし"，単位，が決まっていないと実行しようのないことであった．この距離，時間，質量等の単位はどうやって決めればいいのだろうか．

まず時間から始めよう．古くは，1 日なり 1 年なりが時間の単位であった．したがって，例えば 1 秒は 1 日の $1/(24 \times 60 \times 60)$ としていたわけだが，この 1 日なり 1 年なりは，実際一定でない．例えば，太陽が春分点を通過して次に通過するまでの時間（回帰年とよばれる）は毎年 0.005 秒ずつ短くなっていることが知られている．そこで，現在では，電子的に基底状態にある ^{133}Cs というセシウム原子同位体の超微細準位[*1)]間の遷移エネルギーに対応する周期の 9,192,631,770 倍したものを 1 秒と定義している．これは遷移エネルギー ϵ とこれに伴って放出される電磁波の振動数 ν がプランク定数 h を介して，

$$\epsilon = h\nu \qquad (2.114)$$

と 1 対 1 に対応しているという量子電磁力学の知識をよりどころにしている．

[*1)] 電子と原子核はともに小さな磁石のように振る舞う．したがって，2 つの磁石の互いの向きによって原子は異なるエネルギーをもつ状態にいる．これを超微細準位とよぶ．

これを原子時計とよぶ．原子時計の精度は現在 $10^{-13} \sim 10^{-14}$ に達しており，われわれが現在もっている最も高精度の物理量になっている．

次に，長さの単位をみてみよう．現在われわれが使っているメートルという単位は，地球の子午線の北極から赤道までの長さの 10^{-7} として決められた．これをもとにメートル原器がつくられたが，当然さびや汚れによって年々"標準"が変化してしまう．この辺の事情は物理学の理解が深まるにつれて大幅に改善されることになった．まず，一般相対性理論は，真空中の光速が，これを測定する座標系の運動や，そこに重力が働いているか等には依存しない不変量であることを主張する．そこで，光速が 299,792,458 m/s と「定義」された．光速が定義されたので，上に述べた原子時計と組み合せると，長さの単位を時間の単位と同精度で決めることができるようになった．現在では，1 m は光が真空中を 299792458 分の 1 秒の間に進む距離として定義されている．

最後に，質量の単位はどうなっているだろうか．現在使われている kg という単位は，1 気圧，最大密度の温度における水 $1000 \mathrm{~cm}^3$ の質量と定義されていた．メートル原器と同様これに基づきキログラム原器が作成された．質量の単位は長さや時間のように"近代化"されておらず，いまだにキログラム原器がその標準となっている．ミクロの世界では，陽子 6 個と中性子 6 個からなる炭素原子（陽子と中性子の総数が 12 なので，$^{12}\mathrm{C}$ と書く）の質量を 12 と決めて，他の元素の重さを相対的に測ることにしている．これにより原子の質量は相対的には $10^{-10} \sim 10^{-11}$ の精度で決定できるようになっている．しかし，これを巨視的な質量の単位 kg と結びつけるには精度の高いアボガドロ数が必要になる．現在のところ，これは 8 桁程度が精度の限界となっており，長さ，時間とは比較にならない大きな誤差をもっている．

以上議論した，秒（s），メートル（m），キログラム（kg），は物理現象を記述するときの基本単位になっている．基本単位にはこのほかに電流量を表すアンペア（A），さらに温度を表すケルビン（K），物質量を表すモル（mol），高度を表すカンデラ（cd）等がある．

これ以外の物理量の単位は，物理法則に従って基本単位を組み合せてつくられる．特に重要な物理量には特別の名前がつけられている．例えば，力の単位

kg·m/s² は特にニュートン（N）とよばれる．同様にエネルギーの単位 kg·m²/s² はジュール（J）である．

問題 2.9 上の議論によれば光速は定義したのであるからなにも 299,792,458 m/s といったややこしい値にせずに，例えば 3×10^8 m/s と決めればよさそうである．なぜそうしなかったか考えてみよう． □

3

1次元の運動

2.3 節ですでに議論したように，ニュートンの第 2 法則は

$$m\frac{d^2\boldsymbol{r}}{dt^2} = \boldsymbol{f} \tag{3.1}$$

である．これは 3 次元位置ベクトルの時刻 t に関する 2 階の微分方程式であって，3 つの独立な成分のそれぞれについてこの微分方程式が成り立つことを要求している．例えば，直角座標系の各成分，x, y, z について運動方程式を書き下すと，

$$m\frac{d^2x}{dt^2} = f_x \tag{3.2}$$

$$m\frac{d^2y}{dt^2} = f_y \tag{3.3}$$

$$m\frac{d^2z}{dt^2} = f_z \tag{3.4}$$

である．したがって，もし f_x が x と t のみ，f_y が y と t のみ，そして，f_z が z と t のみの関数であれば，3 次元空間における運動でも，各成分をまったく別々に 1 次元の運動として議論すればよいことになる．逆に，例えば f_x が y, z を陽に含み，f_y が z, x を陽に含みといった構造になっていると，x 方向の運動は，y, z 方向の運動に影響され，y 方向の運動は，x, z 方向の運動に影響されとなって，大変入り組んだものになる．このような場合，力の座標依存性を考慮し，うまい座標系を選ぶことによって，再び問題が簡単化されることがある．典型的な例である中心力の働く場合については，第 6 章で考察する．

さて各成分を独立に考察してよい場合に戻ろう．これには，一様な重力のもとでの質点の運動，バネにつり下げられた質点の運動，等をあげることができる．

3.1 重力が働いている場合の運動

地上にある物体は，形，大きさ，材質，色，等に関係なく，その質量 m に比例し，地面に垂直下向きの重力を受けることが知られている．その比例定数 g は加速度の次元をもち，重力加速度とよばれる[*1]．そこで，地表面内に x 軸，y 軸をとり，地面に垂直上向きに z 軸をとると，質量 m の質点には重力 mg が z 軸方向下向きに働いているので，運動の方程式は

$$m\frac{d^2x}{dt^2} = 0 \tag{3.5}$$

$$m\frac{d^2y}{dt^2} = 0 \tag{3.6}$$

$$m\frac{d^2z}{dt^2} = -mg \tag{3.7}$$

となる[*2]．式 (3.5)～(3.7) からただちに，重力のみが働いているときの質点の運動は質点の質量に依存しないことがわかる．各成分の積分は簡単にできて，

$$x = v_{x0}t + x_0 \tag{3.8}$$

$$y = v_{y0}t + y_0 \tag{3.9}$$

$$z = -\frac{1}{2}gt^2 + v_{z0}t + z_0 \tag{3.10}$$

である．2階の微分方程式を解いたのであるから，各成分の解はそれぞれ2つの積分定数を含んでいる．この2つの積分定数は，初期速度，および，初期位置に対応している．すなわち，式 (3.8)～(3.10) の v_{x0}，v_{y0}，v_{z0} は，$t=0$ における x，y，z 方向の速度，x_0，y_0，z_0 は，$t=0$ における質点の位置である．簡単のため，質点が $t=0$ で原点にあり（すなわち，$x_0=0$，$y_0=0$，$z_0=0$），xz 面内に沿って，水平から角度 θ の方向に初期速度 v_0 で投げ上げ

[*1] ニュートンの第3法則を議論したとき，2つの物体が相互作用したとき，それぞれの加速度の比として慣性質量 m を定義した．上の議論で出てきた質量はこの慣性質量とは概念的に異なり，重力質量とよばれるが，これまでのところ，両者に違いは見出されていない（6.4 節参照）．
[*2] 地球が回転しているため生じる効果は無視した．これはコリオリの力という見かけの力を生じ，そのため，例えば，われわれは台風に見舞われることになる．詳しくは「力学 II」参照．

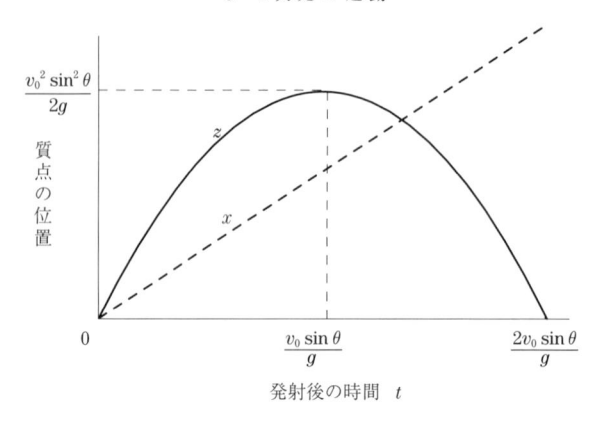

図 3.1 重力加速度 g, 初期速度 v_0, 放出角 θ で原点から投げ上げられた質点の x 座標, z 座標の時刻依存性. 実線：z 方向, 破線：x 方向

られた場合を考えよう．すなわち，$\boldsymbol{v}_0 = (v_0\cos\theta, 0, v_0\sin\theta)$ である．このとき，式 (3.8)～(3.10) はそれぞれ，

$$x = (v_0\cos\theta)t \tag{3.11}$$

$$y = 0 \tag{3.12}$$

$$z = -\frac{1}{2}gt^2 + (v_0\sin\theta)t \tag{3.13}$$

となる．これを図示すると，図 3.1 のようになる．これで各成分が時刻とともにどう変化するかがわかった．すなわち，x 軸方向は時間とともに単調に増加するが，z 軸方向はしばらく増加した後，$t = v_0\sin\theta/g$ で最高点に達し，次いで降下に移り，$t = 2v_0\sin\theta/g$ には，地上に戻る．当然ながら，質点が地上に戻ってくるまでの時間は x 方向の速度には依存しない．

各成分の時刻依存性ではなく，質点の軌跡を知りたいことも多々ある．その場合には，式 (3.11), (3.13) から t を消去して，z を x の関数として表せばよい．すると，

$$z = -\frac{g}{2}\frac{x}{v_0^2\cos^2\theta}\left(x - \frac{v_0^2}{g}\sin 2\theta\right) \tag{3.14}$$

が得られる．これをいろいろな θ について図示すると図 3.2 の実線のように

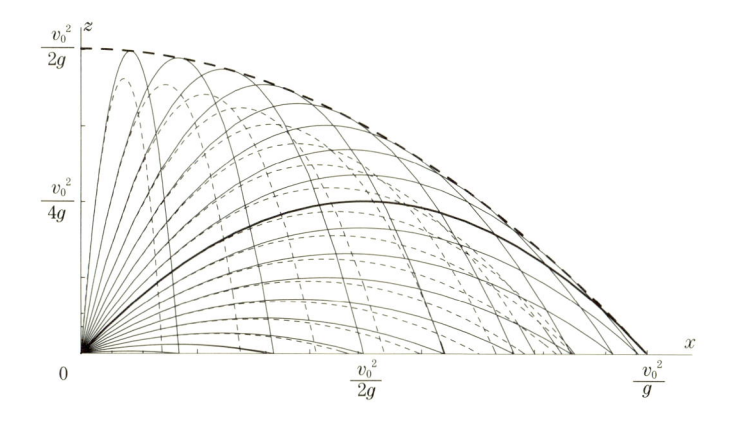

図 3.2 初期速度 v_0，重力加速度 g のもとで，いろいろな角度 θ で原点から投げ上げられた質点の軌跡．θ は 5 度おきにとってある．実線：摩擦のない場合（式 (3.14)），破線：適当な大きさの速度に比例する摩擦が働いている場合（式 (3.28)）．太い実線は $\theta = 45$ 度の場合で，質点は最も遠くに達している．太い破線は摩擦がない場合の包絡線（式 (3.18)）

なる．

式 (3.14) から，地上で発射された質点の到達距離は

$$x_{\max} = \frac{v_0^2}{g} \sin 2\theta \qquad (3.15)$$

で与えられる．このように質点の到達できる距離は，質点の質量には依存せず，初速度の 2 乗に比例し，重力加速度に反比例することがわかる．式 (3.15) はさらに，打ち出し速度が一定であるとき質点は $\theta = 45$ 度で最も遠くに達することを示している．

同様にして，この質点の到達できる最高点は

$$z_{\max} = \frac{v_0^2 \sin^2 \theta}{2g} \qquad (3.16)$$

となる．粒子の到達距離と最高点の出射角依存性をそれぞれ図 3.3 と図 3.4 に実線で示した．

さて，図 3.2 の実線を注意深く眺めてみると，放出角をどのように調整しても到達できない領域の存在することがわかる．この領域を求めてみよう．式 (3.14) は，放出角 θ をパラメータとして質点の軌跡を示しているのだが，別の見方を

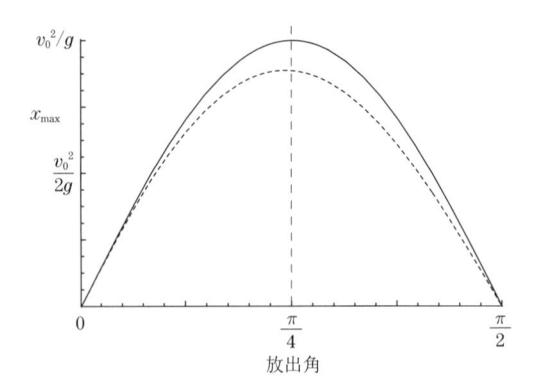

図 3.3 初期速度 v_0, 角度 θ で原点から投げ上げられた質点の到達距離. 実線：摩擦のない場合（式 (3.15)), 点線：適当な大きさの速度に比例する摩擦が働いている場合の近似解（式 (3.29))

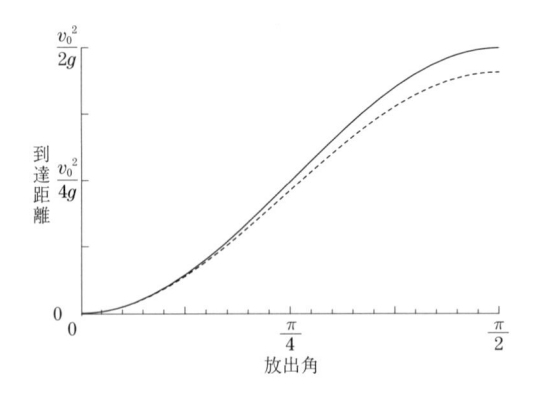

図 3.4 初期速度 v_0, 角度 θ で原点から投げ上げられた質点の到達最高点. 実線：摩擦のない場合, 点線：速度に比例する摩擦の働いている場合

すると，空間上の一点 (x, z) を考え，そこへ質点を到達させるためには放出角を何度にすればよいかを与える式でもある．そこで，$\cos^{-2}\theta = 1 + \tan^2\theta$ であることに注意して，式 (3.14) を $\tan\theta$ について整理すると，

$$\tan^2\theta - 2\frac{v_0^2}{gx}\tan\theta + 2\frac{v_0^2 z}{gx^2} + 1 = 0 \tag{3.17}$$

となる．これは $\tan\theta$ に関する 2 次方程式であって，$\tan\theta$ が実数のすべての値

をとることから，式 (3.17) の解の判別式は正でなければならない．したがって，

$$z \leq -\frac{g}{2v_0^2}x^2 + \frac{v_0^2}{2g} \tag{3.18}$$

が質点の通過可能範囲として得られる．式 (3.18) で等号が成り立つ場合を図 3.2 に太い破線で示した．これより下（地面に近い部分）が質点の初速度を決めたときの到達可能領域となる．このようにある一群の関数の存在領域の境界を結んでできる曲線を包絡線とよぶ．

3.2　重力と摩擦力が働いている場合の運動

さて，ここまでの議論は，たとえてみれば月面でのキャッチボールのようなものである．地上で実際にボールを投げてみると，これが空気をかき回すなどするため，ボールにはその運動を妨げる方向に力が働く．このような空気の抵抗（摩擦力）のため，運動の様子は自ずから違ってくる．簡単のため，摩擦力 $\boldsymbol{f}_{fr}$ が質点の速度に比例する，すなわち，

$$\boldsymbol{f}_{fr} = -\gamma \boldsymbol{v} \tag{3.19}$$

と仮定し，運動の様子がどのように変るかをみよう．このとき，質点の運動方程式は，

$$m\frac{d^2x}{dt^2} = -\gamma\frac{dx}{dt} \tag{3.20}$$

$$m\frac{d^2y}{dt^2} = -\gamma\frac{dy}{dt} \tag{3.21}$$

$$m\frac{d^2z}{dt^2} = -mg - \gamma\frac{dz}{dt} \tag{3.22}$$

で与えられる．各成分の微分方程式は他の成分に陽にも陰にも依存していないので，再びそれぞれ独立した 1 次元の問題として扱えることができる．まず，おおよその振舞いを考えてみよう．速度に比例する摩擦力を導入すると，質点の運動はもはや質点の質量に無関係ではなくなる．これは，日常的に知っているように，同じ重さの物体でもその体積によって落下速度が異なるといった現

象に対応している*3). x および y 方向の速度は,式 (3.20), (3.21) から,指数関数的に減少することは容易にわかる.一方,$v_z = \dot{z}$ とおくと,z 方向は $m\dot{v}_z = -mg - \gamma v_z$ である.摩擦力は速度に比例し,つねに運動を妨げる方向に働くので,これが重力と拮抗するようになると,もはや速度は増加しなくなる.すなわち,$v_z \to -mg/\gamma$ と予想される.このような予想をしてから,もう少しまじめに微分方程式を解いてみよう.そこで,初期速度を先の例と同様 xz 面内で,

$$\boldsymbol{v}_0 = (v_0 \cos\theta, 0, v_0 \sin\theta) \tag{3.23}$$

にとる(放出方向 θ)と,y 方向には運動がなく,摩擦のないときと同様 $y = 0$ である.次に,x 方向と z 方向についてみると,この微分方程式は,それぞれ式 (2.106) と式 (2.104) の形をしているので,その一般解は,式 (2.110) および式 (2.113) で与えられる.そこで,初期条件 ($t = 0$ で $x = 0$, $z = 0$, および,$v_x = v_0 \cos\theta$, $v_z = v_0 \sin\theta$)をみたすように積分定数を決めると,

$$x(t) = \frac{mv_0 \cos\theta}{\gamma} \left(1 - \exp\left(-\frac{\gamma}{m}t\right)\right) \tag{3.24}$$

$$z(t) = \frac{m^2 g}{\gamma^2}\left(1 - \exp\left(-\frac{\gamma}{m}t\right)\right) - \frac{mg}{\gamma}t + \frac{mv_0 \sin\theta}{\gamma}\left(1 - \exp\left(-\frac{\gamma}{m}t\right)\right) \tag{3.25}$$

が得られる.これから,上で簡単に考察したように,$t \to \infty$ のとき,

$$x(t) \underset{t\to\infty}{\to} \frac{mv_0 \cos\theta}{\gamma} \tag{3.26}$$

$$z(t) \underset{t\to\infty}{\to} \frac{m^2 g}{\gamma^2} + \frac{mv_0 \sin\theta}{\gamma} - \frac{mg}{\gamma}t \tag{3.27}$$

となり,摩擦力のため,十分時間がたつと x 軸方向の運動は止まり,一方,z 軸方向ももはや加速度運動はせず,やはり予想どおり $-mg/\gamma$ という一定の速度で落下運動することがわかる.

---

*3) 具体的に摩擦力がどのような速度依存性をもつかは現象による.斜面を滑る積み木は,後で述べる垂直抗力に比例する摩擦力が働くし,空気中を落下する物体は速さによって速度に比例,あるいは,速度の 2 乗に比例する摩擦力を受ける.

質点の軌跡は，摩擦がない場合と同様にして t を消去することにより，

$$z = \left(\frac{mg}{\gamma v_0 \cos\theta} + \tan\theta\right)x + \frac{m^2 g}{\gamma^2}\ln\left(1 - \frac{\gamma x}{mv_0 \cos\theta}\right) \quad (3.28)$$

と導くことができる．

式 (3.28) で，$z = 0$ とおいて，これをみたす x を求めると，$x = 0$ の自明な解の他に，到達点 ($x_{\max}$) を与える解を求めることができる．これは数値的にしか解くことができないが，摩擦が小さく，$x_{\max}$ が式 (3.26) より十分短いときには，対数関数を展開することによって（式 (2.68)），

$$x_{\max} \sim \frac{2v_0^2 \sin 2\theta}{g\left(\sqrt{1 + \frac{16\gamma v_0 \sin\theta}{3mg}} + 1\right)} \sim \frac{v_0^2 \sin 2\theta}{g}\left(1 - \frac{4\gamma v_0 \sin\theta}{3mg}\right) \quad (3.29)$$

が得られる．当然ながら，これは式 (3.15) より短く，摩擦によって到達距離の短くなることがわかる．

図 3.3 に，到達距離の近似解（式 (3.29)）を点線で示した．このように近似を用いて半定量的に現象の大まかな様子を推測することは，現実の問題を考え，大まかに何が起こるかの想像を働かせるのに重要である．

問題 3.1 式 (3.29) を用い，摩擦力が働いている場合に，重力定数 g を実験的に決める方法を考えてみよう． □

［解］ 例えば，初期速度 v_0 を固定し，2 つの放出角 θ_1 と θ_2 で到達距離 x_1, x_2 を測定し，γ を消去して，g を求めればよい． ∎

問題 3.2 摩擦力がある場合に，質量 m の質点を投げ上げた．質点の到達できる最高点を求めよ． □

［解］ 式 (3.28) において，$dz/dx = 0$ として x を求めると，

$$x = \frac{2mv_0^2 \sin\theta \cos\theta}{mg + \gamma v_0 \cos\theta} \quad (3.30)$$

となる．これを式 (3.28) に代入すると，最高点として，

$$z_{\max} = \frac{mv_0 \sin\theta}{\gamma}\frac{mg + \gamma v_0 \sin\theta}{mg + \gamma v_0 \cos\theta} + \frac{m^2 g}{\gamma^2}\ln\left[1 - \left(\frac{\gamma v_0 \sin\theta}{mg + \gamma v_0 \cos\theta}\right)\right] \quad (3.31)$$

が得られる．摩擦力がある場合の $z_{\max}$ の計算例を図 3.4 に点線で示した．式 (3.31) は，$\gamma \to 0$ の極限をとると式 (3.16) に一致する．確かめておこう．∎

問題 3.3 一様重力のもとで落下する質点に速度の 2 乗に比例した摩擦力が働いている．摩擦力が速度に比例するときと同様，時間がたつと質点はやはり一定の速度で落下する．この最終速度を求めてみよう．□

[解] 運動方程式は，

$$m\frac{d^2 z}{dt^2} = -mg + \alpha \left(\frac{dz}{dt}\right)^2 \tag{3.32}$$

である．時間がたったとき一定の速度に達すると仮定すると，$d^2z/dt^2 = 0$ より，

$$\frac{dz}{dt} \xrightarrow[t\to\infty]{} \sqrt{\frac{mg}{\alpha}} \tag{3.33}$$

として，最終速度が得られる．∎

ところで，このような運動は何も一様重力中における質点の運動にかぎらない．一様な電場 ϵ がかかっているときの荷電粒子も，構造的にはまったく同じ運動方程式，

$$m\frac{d^2 \boldsymbol{r}}{dt^2} = -q\epsilon \tag{3.34}$$

によって記述され，したがって，運動の様子は本質的に同じである．例えば z 軸方向に一様な電場 ϵ がかかっているとしよう．このとき荷電粒子の運動は，式 (3.14) において，g を $q\epsilon/m$ で置き換えた，

$$z = -\frac{q\epsilon}{2m}\frac{x}{v_0^2 \cos^2\theta}\left(x - \frac{mv_0^2}{q\epsilon}\sin 2\theta\right) \tag{3.35}$$

で与えられる．このとき，運動は質量にも依存するようになるが，式 (3.35) からわかるように，m，v_0 および q の組み合された mv_0^2/q という量がつねにひとかたまりで現れる．ここで $\frac{1}{2}mv_0^2$ は第 4 章において学ぶことになる「運動エネルギー」である．したがって，運動エネルギーを荷電粒子の電荷で割ったものが同じであれば，荷電粒子の種類にかかわらず，まったく同じ軌道をとることがわかる．ただし，同じ運動エネルギーをもっているとき，荷電粒子の

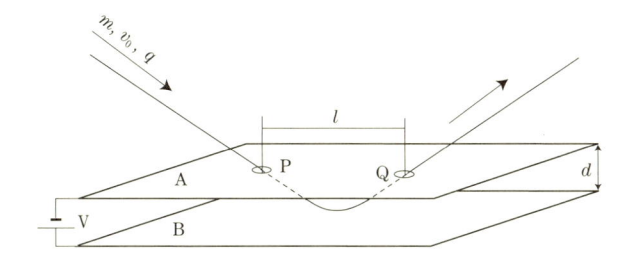

図 3.5　平行平板エネルギー分析器の模式図

速度は質量が大きいほど遅くなることに注意しよう．重力の場合には，軌道ばかりでなく，その速度も質量に依存しなかったこととの大きな違いである（式(3.10)）．

さて式 (3.15) から質点の到達距離は $\theta = 45$ 度で最大であった．これは v_0 さえそろっていれば $\theta = 45$ 度付近で多少角度が変化しても到達点は大きく変らないことを意味している．荷電粒子のこのような振舞いを用いると，到達点を正確に測ることによって，mv_0^2/q を精密に決定できるようになる．

問題 3.4　図 3.5 のように，導体平板 A，B を間隔 d を隔てて平行におき，電圧 V をかける．A には平行平板間の電場には影響がないと思われる程度の小さな穴 P，Q を距離 l をおいてうがってある．穴 P に，質量 m，電荷 q の荷電粒子が速度 v_0，角度 θ で入射し，もう一方の穴 Q から出射した．v_0, q, θ 等の間にどのような関係があるか調べよ．　　　□

3.3　1 次元の調和振動子

静止している物体，例えば，バネにつり下げられ静止している重り，止まっている振り子，机の上で横倒しになっている三角錐，あるいは，長軸を縦にして立てられたフットボール，といったものを考えよう．これをほんのわずか押してみる（あるいは引いてみる）．日常の経験からよく知っているように，バネの重り，振り子などはもとの位置を中心に振動運動を始め，やがて，また同じ位置に静止するであろう．ところが，三角錐は，頂点を中心にしてしばらく転

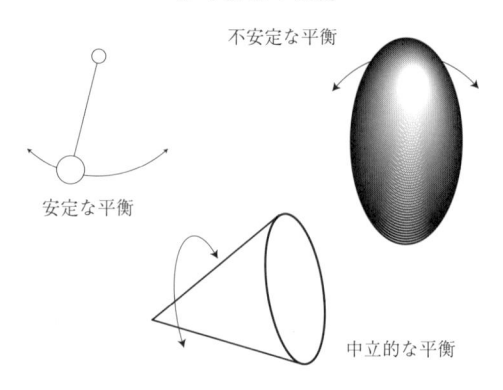

図 3.6　物体の静止状態のいろいろ

がった後，違う場所で静止すると考えられる（図 3.6 参照）．一方，フットボールの場合，横倒しになって，しばらく転がった後，やがて横倒しのまま静止することになる．このように，物体が静止しているとき，その"静止のしかた"にも大まかには 3 種類ほどの違いのあることがわかる．これをそれぞれ，安定な平衡，中立的な平衡，不安定な平衡とよぼう[*4]．

さて，安定な平衡点の周りでは，物体はつねに平衡位置に向かう力を受けている．左にずれれば右向きに，右にずれれば左向きに，というぐあいである．このような場合，物体に働く力はずれが小さければかなり一般的にほぼずれに比例し，ずれの向きに反対方向であると考えてよいであろう．ずれに比例した復元力が働くような例はわれわれの身の回りにいくらでもあるし，したがって，同じことながら，自然現象を考えるとき頻繁に出くわすことになる．不安定な平衡状態が溢れているようであれば，われわれの生活もそう安泰にはならないのである．

本節では，このような安定な平衡点の周りの運動の特徴をとらえるため，運動が直線上に限られており，これに働く力はずれに比例して向きは反対という単純化された例を考えよう．運動が直線上に限られているとき，これを 1 次元単振動子，あるいは，調和振動子とよぶ．重りをそれより十分軽いバネにつなぎ，変位が小さく引き戻す力が変位に比例している場合の運動はその代表例で

[*4]　フットボールは興味深い例で，この 3 つの平衡状態をすべてもっている．

3.3 1次元の調和振動子

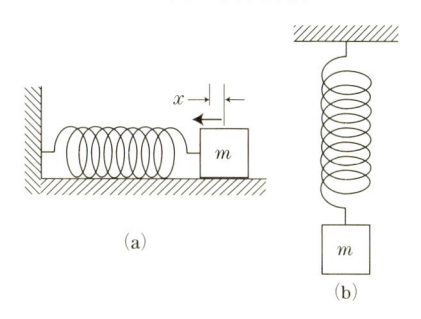

図 3.7 (a) 水平な机の上におかれ，バネにつながれた重りの運動，(b) 天井から垂直につり下げられたバネにつながれた重りの運動

ある．図 3.7(a) のように，机の上に一方を固定したバネをおき，他方に質量 m の重りをつけたとしよう．重りは机の上をなめらかに滑ると仮定すると，重りの運動方程式はバネの平衡点からのずれを x として，

$$m\ddot{x} = -kx \tag{3.36}$$

と書けるであろう．ここで，k はバネ定数とよばれる正の定数で，質点を平衡点に引き戻す力の強さを表す[*5]．

ところで，同じバネを，図 3.7(b) のように，天井からぶら下げ，振動させた場合の重りの運動はどうなるだろうか．垂直下向きに x 軸をとると，

$$m\ddot{x} = mg - kx = -k\left(x - \frac{mg}{k}\right) \tag{3.37}$$

である．ここで，mg/k は，重力がかかっているための平衡点のずれに対応する．したがって，$x' = x - mg/k$ と新たな平衡点を基準にして運動をみると，

$$m\ddot{x}' = -kx' \tag{3.38}$$

と式 (3.36) とまったく同じ微分方程式が得られる．すなわち，振動周期は水平においた場合と同じである．

[*5)] 地上でこの実験を行うと，重りには机面下方に重力が働いている．それにもかかわらず，重りが机の中に沈まないのは，重力に拮抗する力が机から重りに向かって働いているからで，これを抗力とよぶ．抗力は束縛力の一種で 5.1.3 項で議論する．

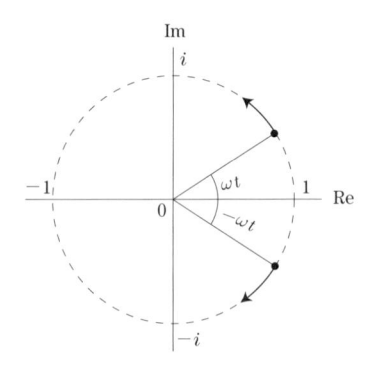

図 3.8 複素平面上の $\exp(i\omega t)$ と $\exp(-i\omega t)$ の軌跡

式 (3.36) の解を $\exp(\alpha_\pm t)$ とおくと，$\alpha_\pm$ は式 (2.92) で与えられ，

$$\alpha_\pm = \pm i\sqrt{k/m} \equiv \pm i\omega \tag{3.39}$$

となる．ここで，ω は角振動数とよばれる実数で，今後の議論をはっきりさせるため正の量と定義しておくことにしよう．このようにして得られた微分方程式の一般解は，複素数であって，2.4 節で考察したように，互いに独立である．図 3.8 のように，$x_+ = \exp(i\omega t)$ を，複素平面上で描くと，半径 1 の円周上を反時計回りに回るのに対して，$x_- = \exp(-i\omega t)$ はやはり同じ円周上ながら，時計回りに回ることがわかる．したがって，一般解は，

$$x = A_+ \exp(i\omega t) + A_- \exp(-i\omega t) \tag{3.40}$$

となる．ここで A_+，A_- とも複素数でよい．ところで，いま考えているバネの場合，変位 x は実数であるので，例えば，

$$\cos\omega t = \frac{\exp(i\omega t) + \exp(-i\omega t)}{2} \tag{3.41}$$

$$\sin\omega t = \frac{\exp(i\omega t) - \exp(-i\omega t)}{2i} \tag{3.42}$$

で実数の独立な関数 $\sin\omega t$，$\cos\omega t$ を導く，あるいは，得られた解の実数部，ないし，虚数部を求めると必要な解が得られる．例えば実数部をとると，

$$x = \text{Re}(A_+ \exp(i\omega t)) = |A|\cos(\omega t + \delta) \tag{3.43}$$

となる．このように，変位に比例して引き戻すような力が働く場合，その運動

は正弦関数，余弦関数といった三角関数で表すことができる．振動の周期 τ は sin，あるいは，cos の引数が 2π 変化するに要する時間であるから，

$$\tau = \frac{2\pi}{\omega} \tag{3.44}$$

で与えられる．したがって，また，振動数 ν は，

$$\nu = \frac{\omega}{2\pi} \tag{3.45}$$

である．

さて，式 (3.43) には，初期条件で決まる 2 つの定数，$|A|$ と δ が現れていることに注意しよう．例えば，$t=0$ で質点の位置が $x=x_0$，その速度が $\dot{x}=v_0$ ならば，

$$\delta = \arctan\left(-\frac{v_0}{\omega x_0}\right) \tag{3.46}$$

$$|A| = \sqrt{x_0^2 + \left(\frac{v_0}{\omega}\right)^2} \tag{3.47}$$

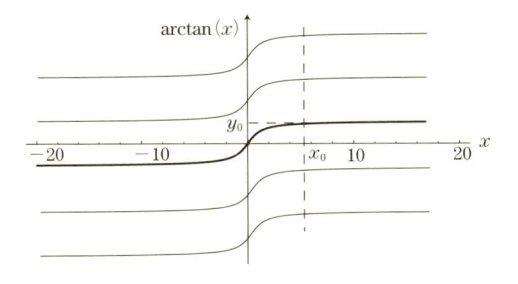

となる．ここで $y = \arctan x$ は，x が与えられているとき，$x = \tan y$ をみたす y を与えるような関数で，tan の逆関数とよばれる．図 3.9 からわかるように，x を与えたとき，対応する y は無数に存在する．これを，arctan は多価関数であるという．通常，多価関数の値はその値域を限ってその範囲内の該当する値で代表する．これを主値とよぶ．例えば，arctan の主値は通常 $(-\frac{\pi}{2}, \frac{\pi}{2})$ の間にとる．つまり，図 3.9 の x_0 に対応する arctan x_0 の主値は図中の y_0 である．同様にして，arcsin, arccos の主値はそれぞれ $(-\frac{\pi}{2}, \frac{\pi}{2})$，$(0, \pi)$ の間

図 3.9　tan の逆関数，$y = \arctan x$. arctan x_0 の主値は図の y_0 である．

にとる．

このように，単振動では，
1. 角振動数 ω はバネ定数 k の平方根に比例する
2. 質点の質量 m の平方根に逆比例する
3. 振動数は振幅に依存しない（式 (3.39)）

ことがわかる．これらは単振動の著しい特徴である．

問題 3.5 $\exp x$ の逆関数を求めよ． □

ここで，水分子の振動を考えてみよう．水分子は電子を"接着剤"として水素原子 2 個が酸素原子の両側についたもので，水素原子が酸素原子に近づきすぎると原子核の間のクーロン斥力により押し戻され，逆に離されると引っ張り戻されるために，水素原子 2 個はバネで酸素原子につながれたような構造になっている．大まかなところをあたってみると，水素原子を引き離すのに要するエネルギーは数 eV[*6)]程度，平衡状態の原子間距離は原子の大きさ程度であろうから，原子を結びつけるのに働く力は $5\,\text{eV}/10^{-10}\,\text{m} \sim 10^{-8}\,\text{N}$ と考えられる．したがって，この力が原子半径程度ずれた場合に働くと考えると，バネ定数は $k \sim 10^2\,\text{N/m}$ 程度と予想される．水素原子の質量は $\sim 2 \times 10^{-27}\,\text{kg}$ であるので[*7)]，式 (3.39) から，振動数は $\sim 10^{14}\,\text{Hz}$ 程度．さらに，光速が $c = 3 \times 10^8\,\text{m/s}$ であることから，対応する光の波長は，$3\,\mu\text{m}$ となる．実際，水分子の振動は，$3\,\mu\text{m}$ 付近の赤外領域にあることが知られており，この程度の大ざっぱな議論で，ミクロスコピックな分子振動の様子がそれなりに予測可能であることがわかる．

3.4 調和振動子に摩擦力が作用している場合

ところで，上の例ではバネはいつまでも一定の振幅，一定の周期で，振動を続ける．日常こういう現象に出くわすことはまずない．すでに前節でも考えたように空気中で運動する物体には摩擦力が働き，ほとんどの巨視的な運動はいずれは動きを止める．実際，超伝導，超流動といった減衰しない現象は大変特

[*6)] 1 eV は素電荷（現在知られている最小単位の電荷：1.6×10^{-19} クーロン）をもった粒子を 1 V の電位差を移動するのに要するエネルギーで 1.6×10^{-19} J（第 4 章参照）．
[*7)] より正確には換算質量を使わなければならない（6.5 節参照）．

異で，重要な固体物理学の研究テーマとなっている．

そこで，この単振動する質点に，やはり速度に比例する摩擦力がかかる場合，運動がどのような変更を受けるかを考えよう．運動方程式は，

$$m\ddot{x} = -kx - \gamma\dot{x} \tag{3.48}$$

である．ここで，$k>0, \gamma>0$ である．式 (3.48) は 2.4.2 項で議論した線形2階の同次常微分方程式（式 (2.88)）である．すなわち，α は，

$$\alpha_{\pm} = \frac{-\gamma \pm \sqrt{\gamma^2 - 4mk}}{2m} \tag{3.49}$$

で与えられる．この解の具体的な振舞いは，以下のように場合分けして考えることができる．

1. $\gamma^2 > 4mk$：

条件から明らかに，摩擦力の大きな場合であって，つねに $\alpha_- < \alpha_+ < 0$ である．このとき，質点の位置と速度は，

$$x = A_+ \exp(\alpha_+ t) + A_- \exp(\alpha_- t) \tag{3.50}$$

$$v = \alpha_+ A_+ \exp(\alpha_+ t) + \alpha_- A_- \exp(\alpha_- t) \tag{3.51}$$

で与えられる．x, v が実数であることから，A_+ と A_- も実数である．さて，$t>0$ で $\alpha_- A_-/\alpha_+ A_+ \geq -1$ なら，式 (3.51) はすべての $t>0$ で v の符号は決まっている．すなわち，質点の位置 x は，図 3.10 の曲線 a のように単調に平衡点に近づく．一方，$t>0$ で $\alpha_- A_-/\alpha_+ A_+ < -1$ なら，曲線 b のように，一度極値をとった後，単調に平衡点に近づく減衰運動となる．

さて，調和振動子に摩擦が働いているとき，減衰の強さを表す量として，α_+，および α_- が得られた．減衰の強さを決めているのは γ というパラメータ1つなのに，どうして減衰の仕方が2通り現れるのだろう．解の物理的意味を考えるとき，極端な場合を想定すると見通しの良くなることがしばしば生じる．そこで，$\gamma^2 \gg 4mk$ としてみよう．すると，式 (3.49) は，

$$\alpha_{\pm} = -\frac{\gamma}{2m}\left(1 \mp \sqrt{1 - \frac{4mk}{\gamma^2}}\right) \sim -\frac{\gamma}{2m}\left\{1 \mp \left(1 - \frac{2mk}{\gamma^2}\right)\right\} \tag{3.52}$$

であるので，結局，

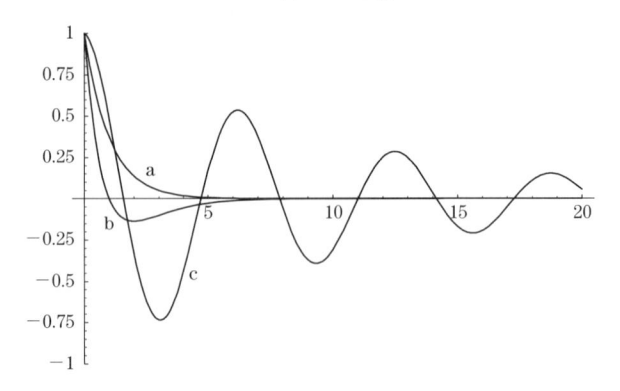

図 3.10 減衰振動

$$\alpha_+ \sim -\frac{k}{\gamma} \tag{3.53}$$

$$\alpha_- \sim -\frac{\gamma}{m} \tag{3.54}$$

が得られる.ここで,$|\alpha_-|\gg|\alpha_+|$ に注意しておこう.このとき,α_+,および,α_- に対応する質点の位置,および,速度を求めると,

$$x_+ \sim x_{0+} \exp\left(-\frac{\gamma}{m}t\right) \tag{3.55}$$

$$v_+ \sim -\frac{\gamma}{m}x_{0+}\exp\left(-\frac{\gamma}{m}t\right) = -\frac{\gamma}{m}x_+ \tag{3.56}$$

$$x_- \sim x_{0-}\exp\left(-\frac{k}{\gamma}t\right) \tag{3.57}$$

$$v_- \sim -\frac{k}{\gamma}x_{0-}\exp\left(-\frac{k}{\gamma}t\right) = -\frac{k}{\gamma}x_- \tag{3.58}$$

となる.

α_- は,式 (3.24) に現れる指数関数の引数と同じ形をしている.すなわち,α_- は,質点が平衡点付近をかなりの速さで移動し,したがって,摩擦力がバネから質点に働く力に比べて格段に大きいときの解に対応する.一方,α_+(式 (3.53))は,平衡点から離れた質点が,平衡点に向かって引き戻されている状態で,バネによる力と摩擦力がほぼ釣り合っている場合に相当する.これは力が釣り合って加速度運動しなくなる条件 $\ddot{x} = 0$ を式 (3.48) に代入しても,式

(3.58) が得られることからもわかる．このように，得られた 2 つの解は，確かに異なる物理的条件に対応した運動を反映していることがわかった．

2. $\gamma^2 = 4mk$：

すでに 2.4.2 項で考察したように，一般解は，

$$x = (a + bt)\exp\left(-\frac{\gamma}{2m}t\right) = (a + bt)\exp\left(-\sqrt{\frac{\kappa}{m}}t\right) \quad (3.59)$$

となる．このとき，質点はやはり図 3.10 の a あるいは b のような減衰運動になる．

3. $\gamma^2 < 4mk$：

$$\alpha_\pm = \frac{-\gamma \pm i\sqrt{4mk - \gamma^2}}{2m} \equiv -\mu \pm i\omega' \quad (3.60)$$

であり，したがって，

$$x = \exp(-\mu t)\mathrm{Re}[(A_+ \exp(i\omega' t) + A_- \exp(-i\omega' t))]$$
$$= \mid A \mid \exp(-\mu t)\cos(\omega' t + \delta) \quad (3.61)$$

が得られる．これは，摩擦の弱い場合で，質点の運動は図 3.10 の曲線 c のように，減衰しながら振動を繰り返す．角振動数 ω_0' は

$$\omega_0' = \sqrt{\omega_0^2 - \left(\frac{\gamma}{2m}\right)^2} \quad (3.62)$$

と，摩擦がないときの値 $\omega_0 = \sqrt{k/m}$ より小さくなっている．すなわち，摩擦が大きくなるに従って振動はゆっくりとなり，$\gamma = \sqrt{4mk}$ に達すると，上で考察したように，振動のない減衰運動になる．

3.5 調和振動子に摩擦力と強制力が作用している場合

次に，この摩擦力の働いている単振動子に，外力がかかっている場合を考えよう．外力の角振動数を ω とおくと，

$$m\ddot{x} = -kx - \gamma\dot{x} + f\cos(\omega t) \quad (3.63)$$

となる．ここで，$k > 0$, $\gamma > 0$ である．これは線形 2 階の非同次常微分方程式 (2.99) である．2.4.2 項で述べたように，この一般解は，線形 2 階同次微分方程式の一般解と非同次微分方程式の特解の和で与えられる．同次部分，

$$m\ddot{x} = -kx - \gamma \dot{x} \tag{3.64}$$

の解は，すでに前節で考察し，その振舞いを調べてあるので，非同次部分を考えよう．ここで必要となる特解は，式 (2.103) から求めることができる．これに，$f(t) = f\cos\omega t = \frac{f}{2}(\exp(i\omega t) + \exp(-i\omega t))$ を代入し，同次方程式の解である指数関数的に減衰する項を省き，振幅が実数であることに注意して，特解の実数部分を選び出すと，

$$\begin{aligned} x_p(t) &= \frac{f}{2m}\left(\frac{\exp(i\omega t)}{(i\omega - \alpha_+)(i\omega - \alpha_-)} + \frac{\exp(-i\omega t)}{(i\omega + \alpha_+)(i\omega + \alpha_-)}\right) \\ &= \frac{f}{m}\mathrm{Re}\left(\frac{\exp(i\omega t)}{(i\omega - \alpha_+)(i\omega - \alpha_-)}\right) \end{aligned} \tag{3.65}$$

が得られる．ここで $\mathrm{Re}(a)$ は複素数 a の実数部を意味する．すなわち，

$$x_p(t) = \frac{f}{m}\frac{\cos(\omega t + \delta)}{\sqrt{(\omega_0^2 - \omega^2)^2 + (\gamma\omega/m)^2}} \tag{3.66}$$

である．ただし，

$$\omega_0 = \sqrt{\frac{k}{m}} \tag{3.67}$$

$$\tan\delta = \frac{\gamma\omega}{m(\omega^2 - \omega_0^2)} \tag{3.68}$$

とおいた．

ところで，系に固有の振動は早晩減衰すること，したがって，時間が十分経ったときには質点は外部の強制力の振動数で振動することが予想される．そこで，$x = x_p \exp(i\omega t)$ と解を予測し，

$$m\ddot{x} = -kx - \gamma\dot{x} + f\exp(i\omega t) \tag{3.69}$$

に代入しても，式 (3.66) を得ることができる．

式 (3.66) の振幅を ω に関して整理すると，

$$x_p = \frac{|f/m|}{\sqrt{(\omega^2 - (\omega_0^2 - (\gamma/m)^2/2))^2 + (\gamma/m)^2(\omega_0^2 - (\gamma/2m)^2)}} \tag{3.70}$$

となる．すなわち，振幅は，

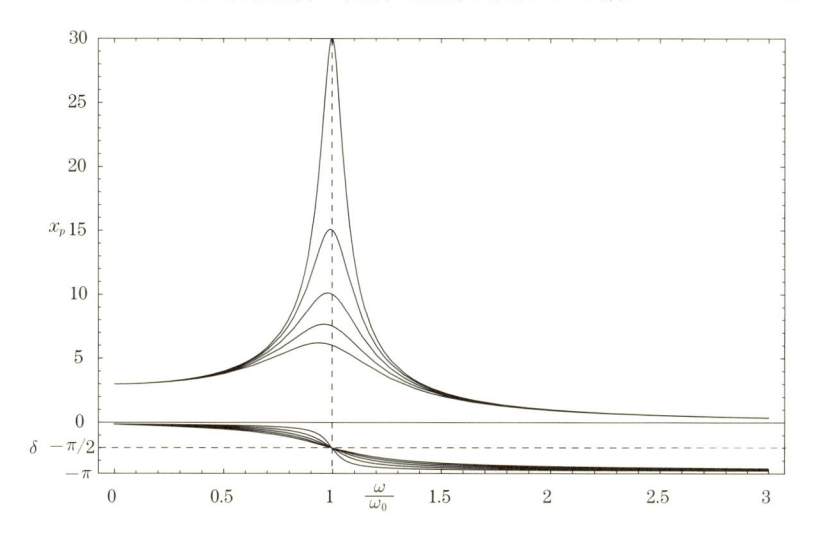

図 3.11 摩擦がある場合の外部からの強制振動による振幅と位相のずれ．x_p の鋭い順に，$\gamma/m\omega_0 = 0.5, 0.4, 0.3, 0.2, 0.1$．これに対応する位相のずれ δ はやはり変化の激しい順

$$\omega = \sqrt{\omega_0^2 - \frac{1}{2}\left(\frac{\gamma}{m}\right)^2} \tag{3.71}$$

で最大値,

$$x_{\max} = \frac{|f|}{\gamma}\frac{1}{\sqrt{\omega_0^2 - (\gamma/2m)^2}} \tag{3.72}$$

をとる．振幅の最大は，摩擦によってずれた見かけ上の共鳴振動数（式 (3.62) 参照）よりさらに低くなる．この振幅 x_p と位相のずれ δ を，強制力の振動数 ω の関数として示すと，図 3.11 のようになる．このように，振動型の外力を加えた場合，系のもっている固有の振動数の付近で運動が激しくなる（振幅が大きくなる）現象を共鳴現象とよぶ．なお，図 3.11 に示した位相のずれ δ は，共鳴振動数の前後における δ の連続性を考慮し，$\omega > \omega_0$ では，arctan の値を主値から π 引いたものを用いた．

共鳴現象は，自然科学の広い分野で頻繁に観察される大変普遍的なものである．繰り返しになるが，安定な平衡にある物体には平衡点へ引き戻そうという力

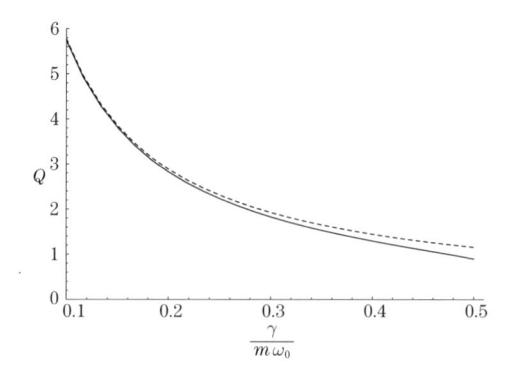

図 3.12 Q 値の摩擦力依存性. 実線：式 (3.72) から求めた数値解. 点線：式 (3.73) の近似解

が働き，多くの場合，その力はずれに比例して，これに摩擦が伴うからである．

共鳴現象を特徴づける重要なパラメータの1つは共鳴の鋭さで，通常，共鳴振動数の中心値を共鳴ピークの半値幅で除したもので表し，これを Q 値（quality factor）とよぶ．Q 値を γ の関数として図 3.12 に実線で示した．ところで，式 (3.70) で，$\omega_0 \gg \gamma/m$ を仮定すると，

$$Q \sim \frac{m\omega_0}{\sqrt{3}\gamma} = \sqrt{\frac{mk}{3\gamma^2}} \tag{3.73}$$

となる．比較のため，これも図 3.12 に点線で示した．式 (3.73) はかなり良い近似になっていることがわかる．すなわち，Q 値はほぼ摩擦の強さに反比例し，質点の質量とバネ定数の積の平方に比例する．

一方，位相のずれ δ は，$\omega \ll \omega_0$ のとき，わずかに負，すなわち，$|\delta| \ll 1$，$\mathrm{sgn}(\delta) = -1$ であり，ω が ω_0 に近づくにつれて減少し（絶対値としては大きくなり），$\omega = \omega_0$ で $\delta = -\pi/2$, $\omega \gg \omega_0$ で δ は $-\pi$ に漸近する[*8]．これは，重りをつるしたバネを手にもって振らせてみる，あるいは振らせているところを想像するとよくわかる．非常にゆっくり手を上下に動かすと重りはこれについてくるだけであるが，当然手の動きより若干遅れることになる．次第に手の動きを早め，つねに重りの速度と反対方向に引っ張るようにすると，重り

[*8] $\omega = \omega_0$ であって，$\omega = \omega_0'$ ではないことに注意

の振幅が大きくなるとともに，その揺れは手の動きよりハッキリと遅れるようになる．さらに動きを早めていくと，重りはもはや手の動きに追随できなくなり，振幅は小さくなる．すなわち，振幅は単調に増加するのではなく，図 3.11 にみたように，ある振動数で最大値をとる．外部から早く動かしても重りは動かないというこの性質を積極的に利用したのが地震計である．一般に知られている地震の振動数よりよほど低い共鳴周波数をもったバネに重りをつるしておけば重りを地面の揺れに関係のない不動点とすることができ，逆に地震の揺れの程度を記録できるというわけである．

さて，3.4 節で考察したように，摩擦力があまり大きくなければ，系は固有の振動数で振動している．したがって，強制力があると質点はこの 2 つの振動が重なったような運動をする．すなわち，

$$x = x_0 \exp(-\mu t)\sin(\omega' t + \beta_0) + x_1 \sin(\omega t + \beta_1) \qquad (3.74)$$

である．そこで，$\omega \sim \omega'$ の場合，$\mu = 0$ と $\mu \neq 0$ について計算した例を図 3.13 に示す．大変興味深いことに振幅がゆっくりと大きく変化している．このような現象は"うなり"とよばれ，やはり，日常的によく観測される現象である．減衰項 $\exp(-\mu t)$ がある場合は，図 3.13 の (b) のように，時間の経過とともに

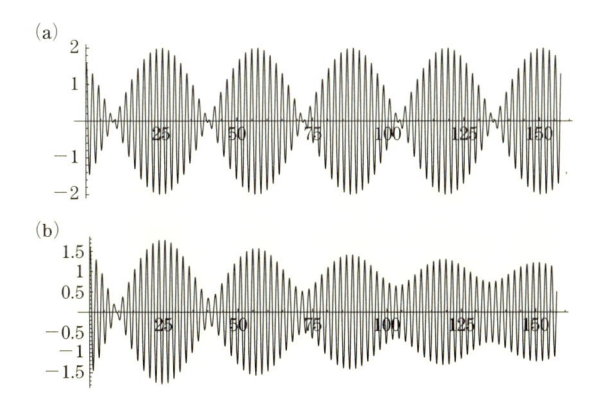

図 3.13 単振動する質点に，固有振動に近い外力がかかったときの質点の運動．振幅は両者の振動数の差でゆっくりと振動している．(a) $\mu = 0$ の場合，(b) $\mu \neq 0$ の場合．うなりは次第に収まる．

うなりは次第に姿を消し,外力による振動のみが観測されることになる.これは,式 (3.74) を三角関数の和公式を使って,

$$x = 2x_1 \sin\left(\frac{\omega' + \omega}{2}t + \frac{\beta_0 + \beta_1}{2}\right) \cos\left(\frac{\omega' - \omega}{2}t + \frac{\beta_0 - \beta_1}{2}\right)$$
$$- (x_1 - x_0 \exp(-\mu t)) \sin(\omega t + \beta_1) \qquad (3.75)$$

と変形することによって理解できる.すなわち,式 (3.75) の第 1 項は,2 つの振動の平均値 $\bar{\omega} = (\omega' + \omega)/2$ と,差の半分の振動数 $\Delta\omega = (\omega' - \omega)/2$ をもった単振動の積となっており,2 つの振動数が同程度であれば,図 3.13 のように,$\bar{\omega}$ の振動が $\Delta\omega$ の振動数でその振幅をゆっくりと変えるようにみえる.

3.6 振幅の小さな振り子

単振動のもう 1 つの代表例として図 3.14 のような,質量が無視できるほど軽く,伸びないひも(あるいは,質量が無視できる伸びない棒)の先に質量 m の質点が結びつけられている振り子を考えよう.振り子の振幅は小さく,また,振動は固定点 O を含むある面内に限られていると仮定する.このとき,質量 m の質点に働く力は,重力 $mg\boldsymbol{e}_z$ に加えて,ひもが伸びたり縮んだりしないよう,ひもに沿って働く力 $\boldsymbol{T}$ である.これは束縛力の一種で,張力とよばれる(5.1.3 項で,詳しく議論する).このような張力が働いていなければ,質点は

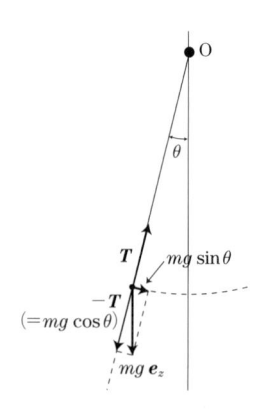

図 3.14 振幅の小さな振り子の運動

3.6 振幅の小さな振り子

自由落下運動をするはずである.

力はベクトルであって, 適宜, 合成, 分解ができることを思い出すと, 重りを固定点 O に結びつけているひもに沿った力はつねに釣り合っており, 運動はひもと垂直方向に限られることがわかる. すなわち,

$$mg\cos\theta = T \tag{3.76}$$

$$m\frac{d^2(l\theta)}{dt^2} = -mgl\sin\theta \tag{3.77}$$

が得られる[*9]. このとき, 力の向きはやはり振り子をもとに戻すような方向であることがわかる. ここで m は質点の質量, g は重力加速度である. 両辺に m が含まれているので,

$$l\ddot{\theta} = -\frac{g}{l}l\sin\theta \tag{3.78}$$

となる. そこで, 振幅が小さいときを考えると, $\sin\theta \sim \theta$ なので, $\ddot{\theta} \sim -(g/l)\theta$ あるいは $x \sim l\theta$ を用いて,

$$\ddot{x} = -\frac{g}{l}x \tag{3.79}$$

とやはり 1 次元の運動と考えることができる. すなわち, 振り子は角振動数,

$$\omega = \sqrt{\frac{g}{l}} \tag{3.80}$$

で,

$$x = x_0 \sin\left(\sqrt{\frac{g}{l}}t + \delta\right) \tag{3.81}$$

の単振動運動をする. 式 (3.80) からわかるように, 振り子の著しい特徴は, その周期が質点の質量や振幅に依存せず, 重力加速度と振り子の長さの比だけに依存することである. これを振り子の等時性とよぶ. 振り子時計は, 振り子の等時性を用いた "科学機器" である.

[*9] より正確には, 式 (5.135) 参照

3.7 振幅の大きな振り子

3.6 節では，振り子の運動をその振幅が小さいときについて考え，これが単振動することを見出した．ここではもう少し振幅が大きくなったら何が起こるかを考えよう．

まず，式 (3.78) を，

$$\ddot{\theta} = -\frac{g}{l}\sin\theta \equiv -\omega^2 \sin\theta \tag{3.82}$$

と書き直しておく．このように振れ角で現象をとらえると，振れ角の大きさにかかわらず振り子はなお 1 次元の運動としてとらえることができる．さて，振幅が多少大きく，右辺の $\sin\theta$ を θ で展開したとき（式 (2.63) 参照），第 2 項が無視できなくなる場合を考えよう．すなわち，

$$\sin\theta \sim \theta - \frac{1}{3!}\theta^3 \tag{3.83}$$

である．実際，$\sin\theta$ を $\theta - \theta^3/3!$ と展開しておけば，$\theta = \pi/2$ でも ~ 0.92 とそれなりに $\sin\theta$ の良い近似になっている（図 2.10 参照）．したがって，解くべき微分方程式は，

$$\ddot{\theta} = -\omega^2 \left(\theta - \frac{\theta^3}{3!}\right) \tag{3.84}$$

ということになる．式 (3.84) は解析解をもたないので，式 (2.54) および式 (2.55) により，数値積分をすればよい．が，大まかな性質は適当な近似法を考えることによっても達成できるであろう．例えば，この振り子は，調和振動子とは異なる運動をするにしても，一定の周期をもって往復運動をすることは明らかであろう（振り子が固定点の周りをぐるぐる回ってしまうような場合はここでは考えない）．そこで，この周期を近似的に求める方法を考えてみよう．

振り子が振れ角 θ から $\theta + \Delta\theta$ まで移動するのに要する時間 Δt は，$\Delta\theta/\dot{\theta}$ で与えられる．したがって，最大振れ角を θ_0 とすると，周期 τ は，

$$\tau = 4\int_0^{\theta_0} \frac{d\theta}{\dot{\theta}} \tag{3.85}$$

と書ける．$\dot{\theta}$ を求めるため，式 (3.84) の両辺に $\dot{\theta}$ を掛けると，左辺は，

3.7 振幅の大きな振り子

$$\dot{\theta} \cdot \ddot{\theta} = \frac{d}{dt}\left(\frac{1}{2}\dot{\theta}^2\right) \tag{3.86}$$

と，また，右辺は，

$$-\dot{\theta}\omega^2\left(\theta - \frac{\theta^3}{3!}\right) = -\frac{1}{2}\omega^2 \frac{d}{dt}\left(\theta^2 - \frac{2\theta^4}{4!}\right) \tag{3.87}$$

となる．したがって，これを両辺 t に関して積分し，さらに，最大の振れ角 θ_0 では $\dot{\theta} = 0$ であることから積分定数を決めると，

$$\begin{aligned}\dot{\theta}^2 &= \omega^2\left\{\theta_0^2 - \frac{2\theta_0^4}{4!} - \left(\theta^2 - \frac{2\theta^4}{4!}\right)\right\} \\ &= \omega^2(\theta_0^2 - \theta^2)\left\{1 - \frac{2}{4!}(\theta_0^2 + \theta^2)\right\}\end{aligned} \tag{3.88}$$

が得られる．これを式 (3.85) に代入すると，

$$\tau = \frac{4}{\omega}\int_0^{\theta_0} \frac{d\theta}{\sqrt{(\theta_0^2 - \theta^2)\left\{1 - \frac{2}{4!}(\theta^2 + \theta_0^2)\right\}}} \tag{3.89}$$

となる．ここで被積分関数の $1 - \frac{2}{4!}(\theta^2 + \theta_0^2)$ の部分は，θ が 0 から θ_0 まで変化しても，大きくは変らないので，θ^2 を平均値付近と思われる $\frac{1}{2}\theta_0^2$ で置き換えても大した誤差は生じないであろう．このとき，式 (3.89) は

$$\tau \sim \frac{4}{\omega\sqrt{1 - \frac{3}{4!}\theta_0^2}} \int \frac{d\theta}{\sqrt{\theta_0^2 - \theta^2}} \tag{3.90}$$

となる．この被積分関数は，$\theta_0 = \theta_0 \sin\chi$ と変数変換すると，

$$\int_0^{\theta_0} \frac{d\theta}{\sqrt{\theta_0^2 - \theta^2}} = \int_0^{\pi/2} \frac{\theta_0 \cos\chi}{\theta_0 \cos\chi} d\chi = \frac{\pi}{2} \tag{3.91}$$

と積分できるので，

$$T \sim \frac{2\pi}{\omega\sqrt{1 - \frac{3}{4!}\theta_0^2}} \tag{3.92}$$

が得られる．すなわち，周期は振幅の小さい単振動の場合に比べて $(1 - \frac{3}{4!}\theta_0^2)^{-1/2}$

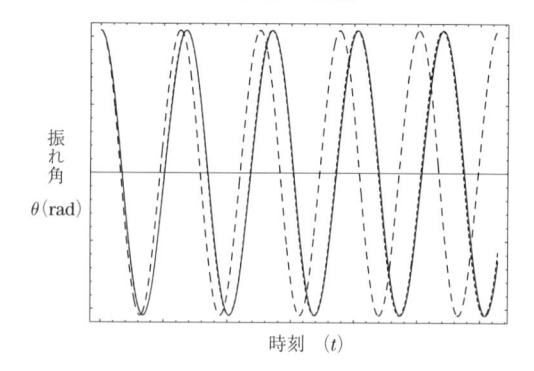

図 3.15 振れ角 60 度（$\theta \sim 1\,\mathrm{rad}$）に対応する振り子の振動運動．点線：式 (3.82) の数値計算による厳密解，実線：式 (3.92) の周期をもった単振動近似解，破線：角振動数 ω の単振動

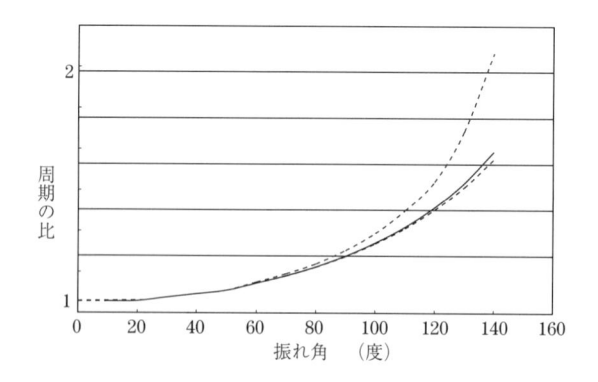

図 3.16 140 度までの振れ角に対する振り子の周期と調和振動子の周期の比．実線：数値計算による厳密解（式 (3.82)），破線：近似解（式 (3.92)），点線：近似解（式 (3.97)）

倍程度長くなると予想される．図 3.15 に振れ角が 60 度，すなわち，$\theta_0 \sim 1\,\mathrm{rad}$ 程度に達している場合の振動に対する厳密解（式 (3.82) を数値積分したもの），単振動解および式 (3.92) の近似解を示す．このように振れ角が大きくなり単振動から大きくずれた場合でも上のような補正を施すとほぼその周期を再現できることがわかる．図 3.16 に，式 (3.92) と数値計算された厳密解の周期を振れ角の関数として示した．相当大きな角度まで，このような簡単な近似の有効で

3.7 振幅の大きな振り子

あることがわかる．

問題 3.6 $\ddot{\theta} = -\omega^2 \sin\theta$ で $\sin\theta$ の展開をさらに高次まで考慮し振幅と周期の関係がどうなるか予想してみよう． □

[解]

$$\ddot{\theta} = -\omega^2 \sin\theta = -\omega^2 \sum_{n=0}^{\infty} \frac{(-1)^n \theta^{2n+1}}{(2n+1)!} \tag{3.93}$$

である．ここで上と同様両辺に $\dot{\theta}$ を掛け t に関して積分し，$\dot{\theta} = 0$ となる角度を θ_0 とおくと，右辺は

$$-\omega^2 \sum_{n=0}^{\infty} \frac{(-1)^n}{(2n+2)!} (\theta^{2n+2} - \theta_0^{2n+2})$$

$$= -\omega^2 (\theta^2 - \theta_0^2) \sum_{n=0}^{\infty} \frac{(-1)^n}{(2n+2)!} \left(\sum_{m=0}^{n} \theta^{2m} \theta_0^{2n-2m} \right) \tag{3.94}$$

と書ける．再び m に関する和の部分は θ のゆっくりした関数であり，したがって θ^2 の平均値を $\frac{1}{2}\theta_0^2$ 程度としてよいと考えると，右辺の和の部分は，

$$\sum_{n=0}^{\infty} \frac{(-1)^n}{(2n+2)!} \theta_0^{2n} \sum_{m=0}^{n} \left(\frac{1}{2} \right)^m$$

$$= 2 \sum_{n=0}^{\infty} \frac{(-1)^n \theta_0^{2n+2}}{(2n+2)! \theta_0^2} - \sum_{n=0}^{\infty} \frac{(-1)^n}{(2n+2)! \theta_0^2/2} \left(\frac{\theta_0^2}{2} \right)^n \tag{3.95}$$

となるので，これをまとめて，

$$\frac{1}{2}\dot{\theta}^2 = -\frac{2\omega^2 \left(\cos\frac{\theta_0}{\sqrt{2}} - \cos\theta_0 \right)}{\theta_0^2} (\theta^2 - \theta_0^2) \tag{3.96}$$

が得られる．したがって角振動数は

$$\omega' \sim 2\omega \sqrt{\frac{\cos\frac{\theta_0}{\sqrt{2}} - \cos\theta_0}{\theta_0^2}} \tag{3.97}$$

となる．この結果をやはり図 3.16 に示した．周期という意味ではこの近似は大きな振れ角まで非常に正しく再現できていることがわかる． ■

4

1次元運動の力学的エネルギーと仕事

2.3 節ではニュートンの運動方程式を導入し，また第 3 章では，これを 1 次元運動に適用して，運動方程式を解くことにより力と運動の関係を議論した．本章では，1 次元の運動に力学的エネルギーと仕事という概念を導入してニュートンの運動方程式を眺め直し，自然現象の認識方法が多様であることの一端をみ，また，後で 3 次元系に拡張するための足ならしをする．なお，エネルギーは概念としての柔軟性，普遍性が高く，適宜これを拡張することによって，自然界で保存する最も基本的な物理量の 1 つとなっている．日常的に聞き慣れているエネルギーという量が，古典力学の枠内ではどのような概念になっているかを理解しよう．

1次元のニュートン方程式は，

$$m\ddot{x} = f(x, \dot{x}, t) \tag{4.1}$$

である．式 (4.1) と $\dot{x}$ の積をとり，時刻 t_0 から t_1 まで積分すると，左辺は，

$$\int_{t_0}^{t_1} dt (m\dot{x}\ddot{x}) = \int_{t_0}^{t_1} dt \frac{d}{dt}\left(\frac{1}{2}m\dot{x}^2\right) = \int_{t_0}^{t_1} \frac{dK}{dt} dt = K(t_1) - K(t_0) \tag{4.2}$$

となる．ここで

$$K = \frac{1}{2}m\dot{x}^2 \tag{4.3}$$

が本章で議論するエネルギーの一種，運動エネルギーである．一方，右辺は

$$W(t_1, t_0) = \int_{t_0}^{t_1} f\dot{x}\, dt \tag{4.4}$$

と書ける．$W(t_1, t_0)$ を力 f がした「仕事」とよぶ．式 (4.3) と式 (4.4) をまと

めると，

$$T(t_1) - T(t_0) = W(t_1, t_0) \tag{4.5}$$

となる．すなわち，

「運動エネルギーの増加は，その時間内に力 f のした仕事に等しい」

ことがわかる．

第3章でいくつか例をみたが，力は質点の位置ばかりでなく，速度（3.1節）や時刻（3.5節）にも依存する．例えば，摩擦力は進行方向と反対向きに働くので，つねに $f\dot{x} < 0$ となり，"負の仕事" をすることがわかる．このとき，運動エネルギーは時刻 t とともに単調に減少する．

問題 4.1 水平におかれた机の上に質量 m の積み木をおき，面に沿って初速度 v_0 で打ち出すことを考えよう．このとき，

$$f_{fr} = -\alpha v^\kappa \qquad \alpha > 0 \tag{4.6}$$

という依存性をもった摩擦力が働いているとする．κ の大きさによって積み木の運動はどう変化するだろうか． □

[解] κ が大きいと多少初期速度が大きくても摩擦はそれ以上に大きくなるから，瞬く間に質点は止まってしまうと思われる．一方，速度が小さい領域では摩擦はそれにも増して小さくなるので質点はいつまでたっても止まらないとも考えられる．さてどうなっているだろう．

運動方程式は，

$$m\frac{dv}{dt} = -\alpha v^\kappa \tag{4.7}$$

である．$\kappa = 1$ の場合はすでに 3.1 節の自由落下における x 軸方向の運動として扱ったので，ここでは $\kappa \neq 1$ の場合を考える．この微分方程式は，

$$m\frac{dv}{v^\kappa} = -\alpha dt \tag{4.8}$$

と変数分離することにより解くことができ，初期条件 $t = 0$ で $v = v_0$ を代入

すると，

$$v = \left(v_0^{1-\kappa} + \frac{1}{\kappa-1}\frac{\alpha}{m}t\right)^{\frac{1}{1-\kappa}} \qquad (4.9)$$

となる．したがって，$\kappa = 1$ の前後で解の振舞いは異なり，$\kappa < 1$ なら積み木は有限の時間，$(m(\kappa-1)/\alpha)v_0^{1-\kappa}$ で静止し，移動距離も有限であるが，$\kappa > 1$ の場合は，v は時刻とともに小さくはなるがいつまでたっても止まらない．なお，$\kappa = 1$ は境界型で，止まるまでに無限の時間がかかるが移動距離は有限になっている． ∎

4.1 保存力と力学的エネルギーの保存則

ところで，質点に働く力が，質点の速度や時刻に依存せず，質点の位置だけで決まる場合，これを「保存力」とよぶことにしよう．このとき仕事は質点の始点と終点の位置だけで決まる．すなわち，

$$\int_{t_0}^{t_1} f\frac{dx}{dt}dt = \int_{x_0}^{x_1} f dx = -U(x_1, x_0) \qquad (4.10)$$

と書いてよいであろう．U の前にわざわざ "−" をつけていることに注意しておこう．その理由は以下を読んでいくと明らかになる．式 (4.10) を x_1 について微分すると，

$$f(x_1) = -\frac{dU}{dx_1} \qquad (4.11)$$

が得られる．

式 (4.10) は任意の積分範囲について成立するので，積分領域を x_0 から原点，原点から x_1 までの 2 つに分け，

$$\begin{aligned}U(x_1, x_0) &= -\int_{x_0}^{x_1} f dx = -\int_{x_0}^{0} f dx - \int_{0}^{x_1} f dx \\ &= U(x_1, 0) - U(x_0, 0) \equiv U(x_1) - U(x_0)\end{aligned} \qquad (4.12)$$

と書くことにしよう．ここで，$U(x)$ を質点の x におけるポテンシャルエネル

4.1 保存力と力学的エネルギーの保存則

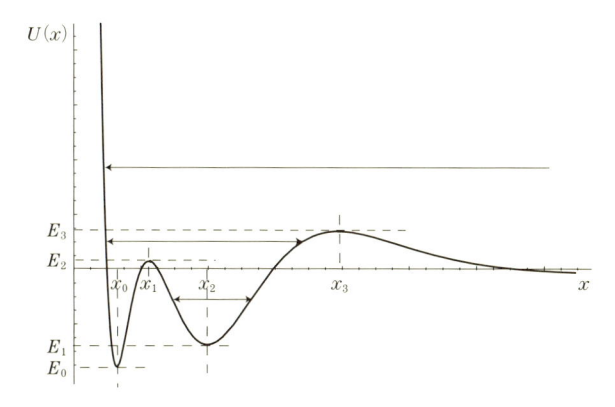

図 4.1 ポテンシャルエネルギーと可動範囲

ギーとよぶ．すると，式 (4.5) は，

$$E = K_1 + U(x_1) = K_0 + U(x_0) \tag{4.13}$$

と書き換えることができる．ここに現れた運動エネルギーとポテンシャルエネルギーの和 E を力学的エネルギーとよぶ．式 (4.13) から明らかなように，力学的エネルギーは質点の時刻，位置によらない．すなわち，保存力のもとで力学的エネルギーは保存する．ただし，上の議論からも明らかなように，その大きさは原点のとり方に依存し，したがって，適当な定数分だけ任意である．

さて，$K(= \frac{1}{2}m\dot{x}^2) \geq 0$ であるから，式 (4.13) から，

$$E \geq U(x) \tag{4.14}$$

である．すなわち，質点の可動区間は，ポテンシャルエネルギーが力学的エネルギーより小さい範囲に限られる．例えば，図 4.1 のようなポテンシャルエネルギーがあったとしよう．図より，力学的エネルギーの最小値は $x = x_0$ で実現され，その値は，$E_0 = U(x_0)$ である．このとき質点は $x = x_0$ から動くことができない．$E_0 < E < E_1$ ならば，質点は $x = x_0$ の周りで多少動けるようになる．$E_1 < E < E_2$ では，$x = x_0$ 付近に加えて，$x = x_2$ 付近でも存在できるようになる．ただし，一方から他方へ移動することはない．$E_2 < E < E_3$ になると，質点は両方の領域を行き来できるようになるが，$x = x_3$ にある "壁"

のため，無限遠方 ($x \to \infty$) にはいけない．逆に，はじめに $x > x_3$ にあり，$E < E_3$ であった粒子は内部に入り込むことができない[*1)]．$E > E_3$ であれば，可動範囲は $x \to \infty$ となる．

ところで，力学的エネルギーを表す式 (4.13) は，

$$E = \frac{1}{2}\left(\frac{dx}{dt}\right)^2 + U(x) \tag{4.15}$$

であるので，数学的には 1 階の微分方程式である．運動方程式が 2 階の線形微分方程式であったことを思い出すと，微分の階数が 1 つ下がり，その代りに非線形になっている．式 (4.15) を dx/dt について整理すると，

$$\frac{dx}{dt} = \pm\sqrt{\frac{2}{m}(E - U(x))} \tag{4.16}$$

となる．ここで複号が現れたのは，質点の位置を指定した場合，その位置における速度の絶対値は決まっているが，運動の方向は，正の側にも負の側にも可能であること，もう少し一般的にいえば，運動方程式が時間反転不変であること（式 (2.53) 参照）に対応している．式 (4.16) は少なくとも形式的には解くことができて，

$$\int dt = \pm \int \frac{dx}{\sqrt{\frac{2}{m}(E - U(x))}} \tag{4.17}$$

となる．

4.1.1　単振動をしている質点のもつエネルギー

3.3 節で議論した単振動する質点の運動を，エネルギーの立場から見直してみよう．まず，運動方程式は式 (3.36) より，

$$m\ddot{x} + kx = 0 \tag{4.18}$$

である．さて，式 (4.12) から，

[*1)] 上のような議論は，原子などのミクロな系が関与し，粒子の波動性が顕著になってくると最早成り立たなくなる．その場合，壁を乗り越えることなく，あたかもトンネルをうがって中を "通り抜ける" ことが可能になる．これは量子力学的な効果でトンネル効果とよばれる．

4.1 保存力と力学的エネルギーの保存則

図 4.2 調和振動子のポテンシャルエネルギー

$$U(x) = -\int_0^x f(x)dx = \int_0^x kxdx = \frac{1}{2}kx^2 \qquad (4.19)$$

であるので，力学的エネルギーは式 (4.13) から，

$$E = \frac{1}{2}m\dot{x}^2 + \frac{1}{2}kx^2 \qquad (4.20)$$

となる．ただし，ポテンシャルエネルギーの最小値を 0 とした．このとき，ポテンシャルエネルギーは図 4.2 のようになる．図からわかるように，単振動の大きな特徴は，どのような大きな E に対しても可動区間が有限，すなわち，質点は束縛されており，有限の運動エネルギーでは質点が原点から無限に遠ざかることはないということである．また，振幅を x_0 とすると，$x = x_0$ では $\dot{x} = 0$，また，$x = 0$ でポテンシャルエネルギー 0 で最小値をとり，したがって，質点の速さは最大となるので，これを v_0 とおくと，

$$E = \frac{1}{2}kx_0^2 = \frac{1}{2}mv_0^2 \qquad (4.21)$$

である．

式 (4.17) において，調和振動子のポテンシャルエネルギーを代入すると，

$$\int dt = \pm \int \frac{dx}{\sqrt{(2E - kx^2)/m}} = \pm \int \frac{dx'}{\sqrt{1 - \omega^2 x'^2}}$$
$$= \pm \frac{1}{\omega} \int \frac{dx''}{\sqrt{1 - x''^2}} = \pm \frac{1}{\omega} \arcsin(x'') \qquad (4.22)$$

と変形できる. ここで, $x' = \sqrt{m/2E}x$, $\omega = \sqrt{k/m}$, 次いで $x'' = \omega x'$ とおいた. したがって,

$$x = \sqrt{\frac{2E}{k}} \sin(\pm\omega t + \eta) \tag{4.23}$$

となって, 当然ながら位相を適当に調整すれば式 (3.43) と同じ形の解が得られた. ただし, 式 (4.23) では振幅と力学的エネルギー, バネ定数の間の関係が明らかとなっている.

問題 4.2 力が $f = -kx(k > 0)$ であるふつうのバネ A と, $f = -\xi x^3 (\xi > 0)$ で与えられる特殊なバネ B を考えよう.

1) バネ B の力学的エネルギーを求めよ.

2) 振幅が x_0 のとき, バネ A とバネ B のポテンシャルエネルギーが一致した. このとき, バネ A とバネ B の周期を比較せよ. □

[解] 1)

$$U_B = \frac{1}{4}\xi x^4 \tag{4.24}$$

2) 振幅が x_0 のとき, 2つのバネのポテンシャルエネルギーが一致するのであるから,

$$E_0 = \frac{1}{2}kx_0^2 = \frac{1}{4}\xi x_0^4 \tag{4.25}$$

であり, 図 4.3 のようになっている. すなわち, $-x_0 < x < x_0$ のすべての領域にわたって, バネ B の方がポテンシャルエネルギーが深く, したがって, 質点は高い運動エネルギーをもって運動している. つまり, バネ B の周期の方が短いと予想される. これを確かめるため, 式 (4.17) よりそれぞれの周期を書き下すと,

$$\tau_A = 4\int_0^{x_0} \frac{dx}{\sqrt{\frac{2}{m}(E - \frac{1}{2}kx^2)}} = 4\int_0^{x_0} \frac{dx}{\sqrt{\frac{k}{m}(x_0^2 - x^2)}} \tag{4.26}$$

$$\tau_B = 4\int_0^{x_0} \frac{dx}{\sqrt{\frac{2}{m}(E - \frac{1}{4}\xi x^4)}} = 4\int_0^{x_0} \frac{dx}{\sqrt{\frac{\xi}{2m}(x_0^2 - x^2)(x_0^2 + x^2)}} \tag{4.27}$$

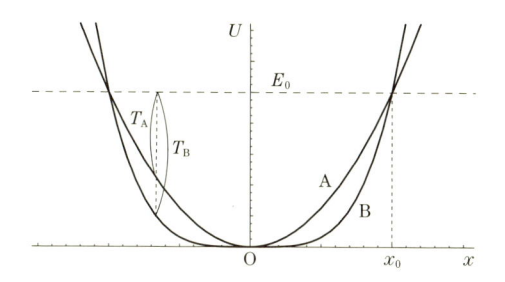

図 4.3 バネ A（調和振動子）とバネ B のポテンシャルエネルギー

となる．ここで，$x_0^2 + x^2 > x_0^2$ であるから，

$$\tau_\mathrm{B} = 4\int_0^{x_0} \frac{dx}{\sqrt{\frac{\xi}{2m}(x_0^2-x^2)(x_0^2+x^2)}} < 4\int_0^{x_0} \frac{dx}{\sqrt{\frac{\xi}{2m}x_0^2(x_0^2-x^2)}}$$
$$= 4\int_0^{x_0} \frac{dx}{\sqrt{\frac{k}{m}(x_0^2-x^2)}} = \tau_\mathrm{A} \tag{4.28}$$

となって，予想が確認された． ■

4.1.2　外力のする仕事

3.5 節では，調和振動子に摩擦力と振動型の外力が働いている場合を考察した．この場合，しばらくたつと，振動子は，初期条件に関係なく，外力によって決まる振幅と振動数で運動していた（式 (3.70) 参照）．このように運動の様子が時間に依存しない状態を定常状態とよぶ．摩擦力はつねに働いているわけであるから，これは外力が仕事をし続けていることになる．そこで，定常状態にある調和振動子になされている仕事の大きさを評価してみよう．式 (3.63) から質点に働いている力は，

$$-kx - \gamma\dot{x} + f\cos(\omega t) \tag{4.29}$$

である．したがって，時刻 $t=0$ から $t=\tau$ の間になされる仕事 W は，

$$W(0,\tau) = \int_0^\tau (-kx - \gamma\dot{x} + f\cos(\omega t))\dot{x}\,dt \tag{4.30}$$

となる．

さて，定常状態では質点の運動は，

$$x = x_p \cos(\omega t + \delta) \tag{4.31}$$

と書けるので（式 (3.65) 参照），これを式 (4.30) に代入すると，

$$W(0,\tau) = \int_0^\tau [k\omega x_p^2 \cos(\omega t + \delta)\sin(\omega t + \delta) - \gamma \omega^2 x_p^2 \sin^2(\omega t + \delta)$$
$$- f\omega x_p \cos\omega t \sin(\omega t + \delta)]dt \tag{4.32}$$

である．倍角公式等を使ってこれを書き直すと，

$$W(0,\tau) = \int_0^\tau \frac{1}{2}[k\omega x_p^2 \sin 2(\omega t + \delta) - \gamma \omega^2 x_p^2 \{1 - \cos(2\omega t + 2\delta)\}$$
$$- f\omega x_p (\sin(2\omega t + \delta) + \sin\delta)]dt \tag{4.33}$$

となる．第1項は，τ が振動周期の整数倍であるとき 0 である．これは，保存力に関わる部分なので当然の結果といえるだろう．第2項，第3項とも振動部分は積分で落ちるので，単位時間あたりになされる平均の仕事（あるいは，外力の側からみるとエネルギー吸収率）$\overline{W}$ を評価することができ，

$$\overline{W} = -\frac{1}{2}(\gamma\omega^2 x_p^2 + f\omega x_p \sin\delta) = -\frac{\gamma\omega^2 f^2}{m^2(\omega^2 - \omega_0^2)^2 + \gamma^2\omega^2} \tag{4.34}$$

が得られる．第2式から第3式への変形は，式 (3.66) と式 (3.68) ですでに得られていた x_p と δ の値を代入した．

次に，エネルギー吸収率が最大になる振動数を求めよう．式 (4.34) で，$d\overline{W}/d\omega = 0$ とおいて ω を求めると，γ の大きさにかかわらず，

$$\omega = \omega_0 \tag{4.35}$$

が得られる．すなわち，エネルギー吸収率は，最大振幅の場合とは異なり（式 (3.71)，図 3.11 参照），摩擦がないときの共鳴振動数で最大値，

$$\frac{f^2}{\gamma} \tag{4.36}$$

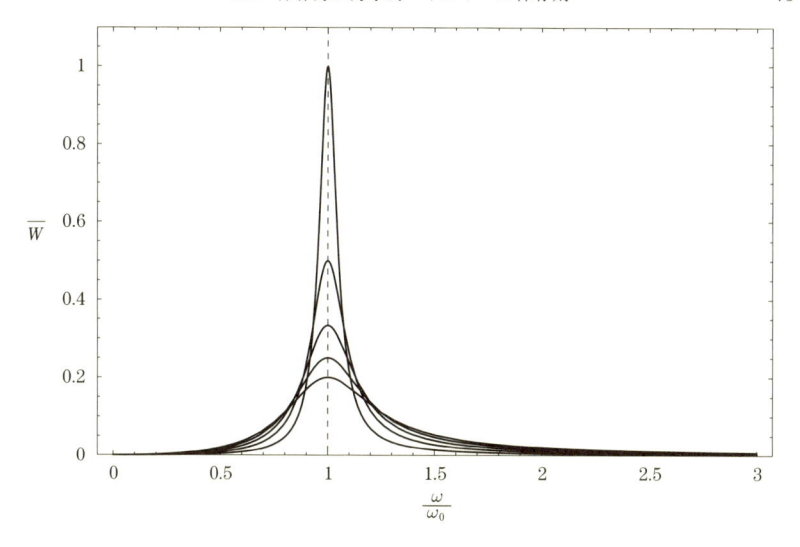

4.1 保存力と力学的エネルギーの保存則

図 4.4 摩擦が働いている振動子に,振動型外力が単位時間あたりにする仕事,あるいは,振動子によるエネルギー吸収率.ピークの鋭い順に $\gamma/m\omega_0 = 0.1, 0.2, 0.3, 0.4, 0.5$

をとる.また,エネルギー吸収の Q 値は,$\omega \gg \gamma/m$ を仮定すると,

$$Q \sim \frac{m\omega_0}{\gamma} \tag{4.37}$$

となる.式 (4.34) で表されるエネルギー吸収率をいくつかの γ の値について図 4.4 に示す.このように,吸収されるエネルギー,あるいは,同じことながら,系に流れ込むエネルギーを外力の振動数の関数として測定すると,考えている系の特性や共鳴周波数,摩擦力の大きさを知ることができる.エネルギー吸収率を最大にする ω の値が γ によらず,つねに共鳴振動数 ω_0 であるという事実は,未知の物質の性質を調べるとき大変有用であり,実際いろいろな分野で応用されている.

安定平衡点をもち,したがって,固有振動数をもつ系を外部から強制的に揺すろうとする場合,その振舞いは同じように理解できる.現象が同じ構造の微分方程式により記述されるためである.例として,電子レンジで食品を暖める場合を取り上げてみよう.食品には水が含まれているが,これは直線状ではなく,図 4.5 (a) に示したように,2 つの OH ボンドが互いに約 150° の角度をな

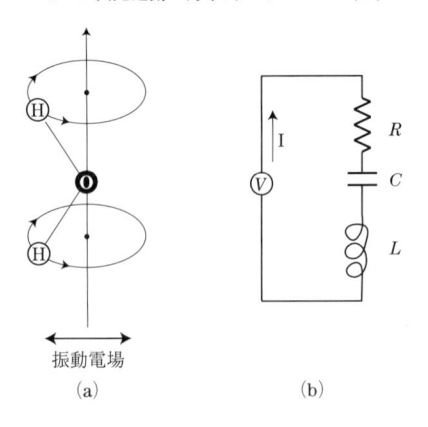

図 4.5 摩擦と強制振動が共存するほかの例

した"く"の字型をしており，マイクロ波領域にある固有の回転数（15 GHz 付近）で回転している．電子は O の側に偏っているため，水分子は小さな電気双極子となっていて，外部からこの回転に対応する電場をかけると，回転が励起されることになる．高速で回転する水分子は周りとの摩擦によりエネルギーを失い，逆にいうと，周りにエネルギーを与え，したがって，食品全体が暖まることになる．

このほかにも，図 4.5(b) に示したようなコイル，コンデンサー，抵抗からなる共鳴電気回路に流れる電流 $I(t)$ も同様に振る舞う．すなわち，コイルのインダクタンスを L，コンデンサーの容量を C，抵抗を R とおくと，抵抗の両端の電圧は $RI(t)$，コンデンサーの両端の電圧は $Q/C = \int^t I(t')dt'/C$，コイルの両端の電圧は LdI/dt と書けるので，系全体にかかっている電圧を $V(t)$ として，

$$RI(t) + \frac{\int^t I(t')dt'}{C} + L\frac{dI}{dt} = V(t) \tag{4.38}$$

となる．ここで Q はコンデンサーに蓄積されている電荷である．したがって，これを両辺 t で微分すると，

$$L\frac{d^2I}{dt^2} + R\frac{dI}{dt} + \frac{I}{C} = \frac{dV}{dt} \tag{4.39}$$

が得られる．式 (4.39) は，$I \to x$, $L \to m$, $R \to \gamma$, $1/C \to k$, $dV/dt \to$

$f\cos\omega t$ と対応させることができ，微分方程式としては，式 (3.63) とまったく同じ構造をもっていることがわかる．これなどは第 1 章でも述べたように，物理学の言語は数学であるということを如実に示す例である．このように現象を支配する方程式を書き下すと，一見非常に異なる現象を統一的に理解することができる．

コマが首振り運動をすることはよく知られている．この首振り運動（歳差運動とよばれる）は，角運動量をもって運動している系に外力がかかったとき一般にみられる大変普遍的な現象である（「力学 II」参照）．したがって，これに振動型の外力を加えると，やはり共鳴現象が観測される．原子核は小さな磁石で，これに磁場と振動型の外場をかけると共鳴現象が生じるのはその典型例である．この現象を核磁気共鳴（NMR：nuclear magnetic resonance）とよぶ．核磁気共鳴は，原子核研究や物性研究などの基礎科学ばかりでなく，最近では医療用診断装置にも MRI（magnetic resonance imaging）と現象の名称を変えて利用されている[*2]．

[*2] この名称変更は，"核"という言葉をさけるために行われている．原子核が磁石であることに伴ってつけられた物理現象に関わる用語を，それとはまったく関係のない核兵器などとの誤った連想から避けようとするのは昨今の世界的な現象で，いささかヒステリックであるといわざるを得ない．科学を客観的にみる目を育てることの重要性を示す反面教師といえる．

5

3次元空間内の運動と力学的エネルギー

5.1 いろいろな座標系

さて,3次元空間内における運動はよく知っている直角座標系を用いて議論することができる.直角座標系はある意味では最も素直な座標系であるが,実際に考察の対象とする力学系によっては,異なる対称性を備えた座標系で考えると物事の見通しの良くなることがしばしば生じる.すなわち,適切な座標系を選ぶことは現象の本質をとらえる上で大切なことである.通常,各座標が互いに直交する直交座標系を用いることが多い.そこで,まず,3次元空間での運動を議論するに便利な直角座標系以外の直交座標系を紹介しよう.

5.1.1 円筒座標系

系が軸対称な場合,あるいは,運動がある平面内に限られている場合に威力を発揮する円筒座標系から始める.これは,図 5.1 のように,x_3 軸を対称軸とする半径 ρ の円筒,x_3 軸を含み x_1 軸と角度 ϕ をなす平面,および,x_1-x_2 平面と平行で $x_3 = z$ を通る平面の交点として位置を指定する.

直角座標の成分 x_1, x_2, x_3 で ρ, ϕ, z を表すと,

$$\rho = \sqrt{x_1^2 + x_2^2} \tag{5.1}$$

$$\phi = \arctan\left(\frac{x_2}{x_1}\right) \tag{5.2}$$

$$z = x_3 \tag{5.3}$$

である.逆に,直角座標の成分を円筒座標の成分で表すと,

$$x_1 = \rho \cos\phi \tag{5.4}$$

5.1 いろいろな座標系

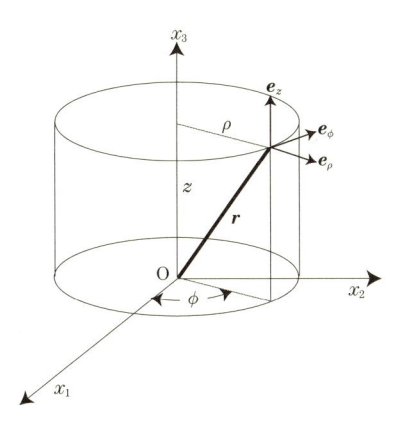

図 5.1 円柱座標系

$$x_2 = \rho \sin \phi \tag{5.5}$$

$$x_3 = z \tag{5.6}$$

となる．

さて，円筒座標系の各座標に対応する単位ベクトルを図 5.1 のように e_ρ, e_ϕ, e_z ととると，位置ベクトルは，

$$r = \rho e_\rho + z e_z \tag{5.7}$$

と書ける．円筒座標の単位ベクトルを直角座標の単位ベクトルで表すと，

$$e_\phi = -\frac{x_2}{\sqrt{x_1^2 + x_2^2}} e_1 + \frac{x_1}{\sqrt{x_1^2 + x_2^2}} e_2 \tag{5.8}$$

$$e_\rho = \frac{x_1}{\sqrt{x_1^2 + x_2^2}} e_1 + \frac{x_2}{\sqrt{x_1^2 + x_2^2}} e_2 \tag{5.9}$$

$$e_z = e_3 \tag{5.10}$$

となる．逆に，直角座標の単位ベクトルを円筒座標の単位ベクトルで表すと，

$$e_1 = \cos \phi e_\rho - \sin \phi e_\phi \tag{5.11}$$

$$e_2 = \sin \phi e_\rho + \cos \phi e_\phi \tag{5.12}$$

$$e_3 = e_z \tag{5.13}$$

である．

以上を用いて，円筒座標系での速度，加速度を導こう．e_ρ が時刻 t とともにその向きを変えることに注意して，位置ベクトル r（式 (5.7)）を微分すると，

$$v = \dot{r} = \dot{\rho} e_\rho + \rho \dot{e}_\rho + \dot{z} e_z \tag{5.14}$$

となる．e_ρ の微分は，式 (5.8) を用い，e_1，e_2 が時刻に依存しないことから，

$$\dot{e}_\rho = -\dot{\phi} \sin\phi e_1 + \dot{\phi} \cos\phi e_2 = \dot{\phi} e_\phi \tag{5.15}$$

である．同様にして，式 (5.9) から，e_ϕ の時間微分を，

$$\dot{e}_\phi = -\dot{\phi} \cos\phi e_1 - \dot{\phi} \sin\phi e_2 = -\dot{\phi} e_\rho \tag{5.16}$$

と導くことができる．したがって，式 (5.14) は

$$v = \dot{\rho} e_\rho + \rho \dot{\phi} e_\phi + \dot{z} e_z \tag{5.17}$$

となる．すなわち，

$$v_\rho = \dot{\rho} \tag{5.18}$$

$$v_\phi = \rho \dot{\phi} \tag{5.19}$$

$$v_z = \dot{z} \tag{5.20}$$

である．同様にして，加速度も求めることができて，

$$\alpha = \ddot{r} = \frac{d}{dt}(\dot{\rho} e_\rho + \rho \dot{\phi} e_\phi + \dot{z} e_z) = (\ddot{\rho} - \rho \dot{\phi}^2) e_\rho + (2\dot{\rho}\dot{\phi} + \rho \ddot{\phi}) e_\phi + \ddot{z} e_z \tag{5.21}$$

が得られる．すなわち，

$$\alpha_\rho = \ddot{\rho} - \rho \dot{\phi}^2 = \dot{v}_\rho - \frac{v_\phi^2}{\rho} \tag{5.22}$$

$$\alpha_\phi = 2\dot{\rho}\dot{\phi} + \rho\ddot{\phi} = \frac{1}{\rho}\frac{d}{dt}(\rho v_\phi) \tag{5.23}$$

$$\alpha_z = \ddot{z} = \dot{v}_z \tag{5.24}$$

である．したがって，円筒座標系での各成分に対する運動方程式は，

$$\frac{d(mv_\rho)}{dt} = f_\rho + \frac{mv_\phi^2}{\rho} \tag{5.25}$$

$$\frac{d}{dt}(m\rho v_\phi) = \rho f_\phi \tag{5.26}$$

$$\frac{d(mv_z)}{dt} = f_z \tag{5.27}$$

と書ける．式 (5.25) は，$f_\rho = 0$ でも v_ϕ が有限であれば v_ρ は時々刻々増加することを示している．すなわち，質点には外向きの力が見かけ上働いている．これを遠心力とよぶ．さらに式 (5.26) は $f_\phi = 0$ であれば，ρv_ϕ が時刻に依存しない運動の恒量になっていることを示している．これは，6.1 節で学ぶ，中心力のもとでの角運動量保存則に対応している．

5.1.2 極座標系

図 5.2 のように，点 P の位置ベクトル $\boldsymbol{r}$ の長さを r，$\boldsymbol{r}$ と x_3 軸のなす角を θ，$\boldsymbol{r}$ と x_3 軸のつくる平面と x_1-x_2 平面の交線と x_1 軸のなす角を ϕ ととると，位置ベクトル $\boldsymbol{r}$ は，この 3 つの数字の組 (r, θ, ϕ) により，やはりユニークに決定することができる．このような座標系を極座標系，θ を極角，ϕ を方位角とよぶ．これは，半径 r の球，x_3 軸を含み x_1 軸と角度 ϕ をなす平面，お

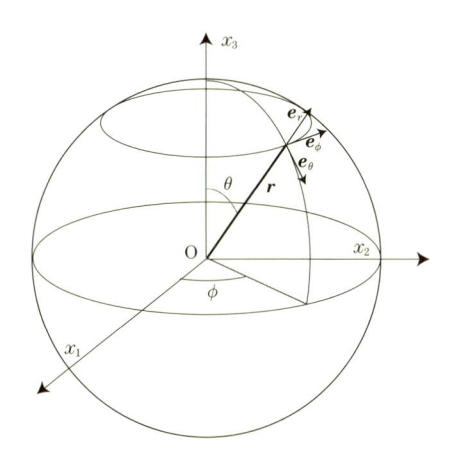

図 5.2 直角座標系と極座標系の関係

よび，x_1-x_2 平面と平行で，$x_3 = r\cos\theta$ を含む平面の交点として位置を指定することに対応している．

極座標系は，点対称な系（例えば，中心力の働いている系）を扱うのに大変便利な座標系である．極座標系の単位ベクトルは図 5.2 のように $\bm{e}_r, \bm{e}_\theta, \bm{e}_\phi$ ととることができる．明らかに，これらは互いに直交している．すなわち，直交座標系で，さらに，この順番で右手系をなしている．

さて，$\bm{r} = r\bm{e}_r$ である．定義より明らかなように，これを直角座標系の成分で表すと，

$$r = \sqrt{\sum_{i=1}^{3} x_i^2} \tag{5.28}$$

$$\theta = \arctan\left(\frac{\sqrt{x_1^2 + x_2^2}}{x_3}\right) \tag{5.29}$$

$$\phi = \arctan\left(\frac{x_2}{x_1}\right) \tag{5.30}$$

となる．逆に，直角座標系の成分を極座標で表すと，

$$x_1 = r\sin\theta\cos\phi \tag{5.31}$$
$$x_2 = r\sin\theta\sin\phi \tag{5.32}$$
$$x_3 = r\cos\theta \tag{5.33}$$

である．

極座標系の単位ベクトルは，

$$\bm{e}_r = \frac{\sqrt{x_1^2 + x_2^2}}{\sqrt{x_1^2 + x_2^2 + x_3^2}}\left(\frac{x_1}{\sqrt{x_1^2 + x_2^2}}\bm{e}_1 + \frac{x_2}{\sqrt{x_1^2 + x_2^2}}\bm{e}_2\right) + \frac{x_3}{\sqrt{x_1^2 + x_2^2 + x_3^2}}\bm{e}_3 \tag{5.34}$$

$$\bm{e}_\theta = \frac{x_3}{\sqrt{x_1^2 + x_2^2 + x_3^2}}\left(\frac{x_1}{\sqrt{x_1^2 + x_2^2}}\bm{e}_1 + \frac{x_2}{\sqrt{x_1^2 + x_2^2}}\bm{e}_2\right) - \frac{\sqrt{x_1^2 + x_2^2}}{\sqrt{x_1^2 + x_2^2 + x_3^2}}\bm{e}_3 \tag{5.35}$$

$$\bm{e}_\phi = -\frac{x_2}{\sqrt{x_1^2 + x_2^2}}\bm{e}_1 + \frac{x_1}{\sqrt{x_1^2 + x_2^2}}\bm{e}_2 \tag{5.36}$$

あるいは，逆に，

$$e_1 = \cos\phi(\sin\theta e_r + \cos\theta e_\theta) - \sin\phi e_\phi \tag{5.37}$$

$$e_2 = \sin\phi(\sin\theta e_r + \cos\theta e_\theta) + \cos\phi e_\phi \tag{5.38}$$

$$e_3 = \cos\theta e_r - \sin\theta e_\theta \tag{5.39}$$

である．

次に，速度，加速度を極座標系で扱ってみよう．少し計算がややこしいかもしれないが，極座標系に慣れる絶好の機会なのでちょっと根気を出してやってみよう．

極座標での位置ベクトルは

$$\bm{r} = r\bm{e}_r \tag{5.40}$$

であるので，速度は，

$$\bm{v} = \frac{d\bm{r}}{dt} = r\dot{\bm{e}}_r + \dot{r}\bm{e}_r \tag{5.41}$$

となる．まず，$\bm{e}_r$, $\bm{e}_\theta$, $\bm{e}_\phi$（式 (5.34)～(5.36)）を時間に関して微分すると，

$$\dot{\bm{e}}_r = \dot{\theta}\bm{e}_\theta + \dot{\phi}\sin\theta\bm{e}_\phi \tag{5.42}$$

$$\dot{\bm{e}}_\theta = -\dot{\theta}\bm{e}_r + \dot{\phi}\cos\theta\bm{e}_\phi \tag{5.43}$$

$$\dot{\bm{e}}_\phi = -\dot{\phi}(\sin\theta\bm{e}_r + \cos\theta\bm{e}_\theta) \tag{5.44}$$

が得られる．

問題 5.1 各単位ベクトルの微分（式 (5.42)～(5.44)）は，直交する他の2つの単位ベクトルのみで自身を含まない．なぜそうなっているかを考えてみよう．□

したがって，

$$\bm{v} = \dot{r}\bm{e}_r + r\dot{\theta}\bm{e}_\theta + r\sin\theta\dot{\phi}\bm{e}_\phi \tag{5.45}$$

である．すなわち，

$$v_r = \dot{r} \tag{5.46}$$

$$v_\theta = r\dot{\theta} \tag{5.47}$$

$$v_\phi = r\sin\theta\dot{\phi} \tag{5.48}$$

である．同様にして，式 (5.45) を時刻に関して微分し，各成分をまとめると，

$$\alpha_r = \ddot{r} - r\dot{\theta}^2 - r\sin^2\theta\dot{\phi}^2 \tag{5.49}$$

$$\alpha_\theta = 2\dot{r}\dot{\theta} + r\ddot{\theta} - r\sin\theta\cos\theta\dot{\phi}^2 \tag{5.50}$$

$$\alpha_\phi = 2\dot{r}\dot{\phi}\sin\theta + r\ddot{\phi}\sin\theta + 2r\dot{\phi}\dot{\theta}\cos\theta \tag{5.51}$$

が得られる．したがって，各成分に関して，

$$\frac{d(mv_r)}{dt} = f_r + m\frac{v_\theta^2 + v_\phi^2}{r} \tag{5.52}$$

$$\frac{d(mv_\theta r)}{dt} = r\left(f_\theta + \frac{mv_\phi^2}{r\sin\theta}\cos\theta\right) \tag{5.53}$$

$$\frac{d(mv_\phi r\sin\theta)}{dt} = r\sin\theta f_\phi \tag{5.54}$$

が得られる．いずれ，後で詳しく説明するが，例えば，動径方向の運動量の変化率（式 (5.52)）は，円柱座標系のときと同様，r 方向に実際働いている力と遠心力の和で決まることを示している．同様にして式 (5.53) は，極軸と位置ベクトルで決まる平面内の角運動量（6.1 節参照）の時間変化が，θ 方向に実際働いている力 f_θ と極軸周りの運動からくる遠心力 $mv_\phi^2/r\sin\theta$ の e_θ 方向の成分の和でできる力のモーメント（6.1 節参照）で決まることを，そして，式 (5.54) は，極軸周りの角運動量の変化率が，極軸周りの力のモーメントによって決まることに対応している．

5.1.3 自然座標系と束縛運動

質点がなんらかの力のもとで，図 5.3 のような軌跡を描いたとしよう．時刻 $t = 0$ における質点の位置を原点にとり，時刻 t までに質点が移動した距離を軌跡に沿って測り，$s(t)$ とおく．また，各点における軌道の接線方向に単位ベクトルを考え，$e_t(t)$ とおく．図のように，$e_t(t)$ と $e_t(t+\Delta t)$ が張る平面を考え，その平面内で，$e_t(t)$ と $e_t(t+\Delta t)$ に垂線を引き，これが交わる点を Q とする．さらに，それぞれの点から Q に向かう単位ベクトルを $e_n(t)$ と $e_n(t+\Delta t)$ としよう．時刻 t および $t+\Delta t$ における質点の位置から点 Q までの距離を $\rho(t)$，$\rho(t+\Delta t)$ とおくと，図からわかるように，$e_t(t)$ と $e_t(t+\Delta t)$ でつくる三角

5.1 いろいろな座標系

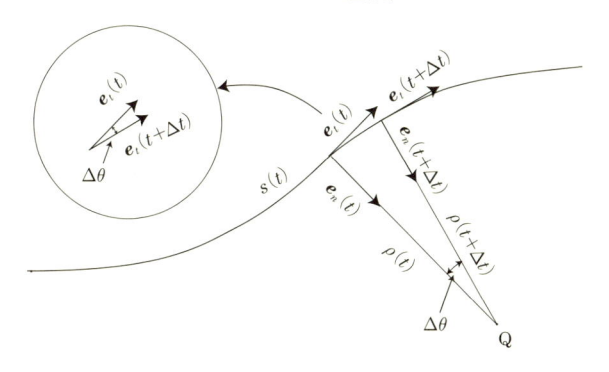

図 5.3 自然座標系の単位ベクトル

形は，$\rho(t)\bm{e}_n(t)$ と $\rho(t+\Delta t)\bm{e}_n(t+\Delta t)$ でつくる三角形と相似である．すなわち，

$$\Delta \bm{e}_t = \bm{e}_t(t+\Delta t) - \bm{e}_t(t) = \frac{s(t+\Delta t)-s(t)}{\rho(t)}\bm{e}_n(t) = \frac{\Delta s}{\rho(t)}\bm{e}_n(t) \quad (5.55)$$

である．したがって，$\bm{e}_t$ と $\bm{e}_n$ の間には，

$$\frac{d\bm{e}_t}{dt} = \frac{v}{\rho}\bm{e}_n \quad (5.56)$$

という関係がある．ここで ρ を曲率半径とよぶ．ついでに，$\bm{e}_t(t)$ と $\bm{e}_n(t)$ の両方に垂直な単位ベクトル $\bm{e}_b(t)$ を

$$\bm{e}_b(t) = \bm{e}_t(t) \times \bm{e}_n(t) \quad (5.57)$$

とやはり右手系をなすように定義しておこう．これで，互いに直交する単位ベクトルが定義できた．このような単位ベクトルからなる直交座標系を自然座標系とよぶ．

質点の速度を自然座標系で表現すると，

$$\bm{v} = \dot{s}\bm{e}_t = v\bm{e}_t \quad (5.58)$$

である．したがって，加速度は，

$$\bm{\alpha} = \dot{v}\bm{e}_t + v\dot{\bm{e}}_t = \dot{v}\bm{e}_t + \frac{v^2}{\rho}\bm{e}_n \quad (5.59)$$

となる. ここで, $\dot{v}$ を接線加速度, v^2/ρ を向心加速度とよぶ.

次に, 働いている力を進行方向 (e_t) とこれに垂直な方向 (e_n および e_b) に分けて,

$$\boldsymbol{f} = f_t \boldsymbol{e}_t + f_n \boldsymbol{e}_n + f_b \boldsymbol{e}_b \tag{5.60}$$

と書くと, 運動方程式は,

$$m\dot{v} = f_t \tag{5.61}$$

$$m\frac{v^2}{\rho} = f_n \tag{5.62}$$

$$0 = f_b \tag{5.63}$$

となる. 式 (5.61) および式 (5.62) から, f_t は質点の速さを変え, したがって仕事をするが, f_n は運動の方向につねに垂直で, したがって, 仕事はせず, 質点のエネルギーを変えることはない, ことがわかる.

自然座標が大変有効になる典型的な例として, 磁場中の荷電粒子の運動を考えよう. 磁場中で運動する荷電粒子にはいわゆるローレンツ力が働く. ローレンツ力は, 荷電粒子の運動方向と磁場の両方に垂直に働く力で, 速度ベクトルと磁束密度ベクトルの外積,

$$q\boldsymbol{v} \times \boldsymbol{B} \tag{5.64}$$

で与えられる. したがって, 運動方程式は,

$$m\frac{d\boldsymbol{v}}{dt} = q\boldsymbol{v} \times \boldsymbol{B} \tag{5.65}$$

となる. 式 (5.65) は, 力が速度と垂直な方向にのみかかっているので,

$$m\dot{v} = 0 \tag{5.66}$$

$$\frac{mv^2}{\rho} = qvB \tag{5.67}$$

である. したがって, ほとんど微分方程式を解くことなく,

$$v = v_0 \tag{5.68}$$

$$\rho = \frac{mv_0}{qB} \tag{5.69}$$

5.1 いろいろな座標系　　　　　　　　　　　　　　　　87

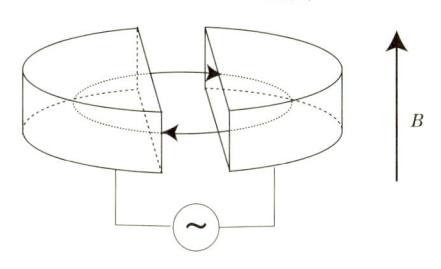

図 5.4 サイクロトロン加速器の原理図

を導くことができる．すなわち，一様磁場中の荷電粒子は，半径 $\rho = mv_0/qB$ の円運動をする．角速度は，

$$\omega = \frac{v_0}{\rho} = \frac{qB}{m} \tag{5.70}$$

である．これをサイクロトロン運動とよぶ．サイクロトロン運動の特徴はその周期が粒子の速さに依存していないことで，この性質を用いてサイクロトロンという粒子加速器がつくられている．すなわち，図 5.4 のように，薄い円盤状の缶を2つに切り，荷電粒子を円運動させておく．式 (5.70) より，周期は粒子の速さによらないので，一定の周期で缶の隙間に顔を出す．したがって，サイクロトロン運動の周期と同じ周期の高周波をかければ，例えば，手前で加速された粒子は反対側の隙間に顔を出したとき，ちょうど逆の位相で電圧がかかっていて，荷電粒子は電極間隙に顔を出すたびに加速され，どんどんエネルギーが上がるというわけである[*1]．式 (5.70) は磁束密度がわかっていれば，粒子の回転周期を測定することで q/m を決定できることを示している．この方法により，イオンや反陽子といった荷電粒子の質量（より厳密には質量と電荷の比）が 10^{-11} の精度で決定できるようになってきた．いわゆるアインシュタインの関係式 $E = mc^2$（「力学 II」参照）によれば，陽子（あるいは反陽子）の静止エネルギーはほぼ 10^9 eV であるので，これは 0.01 eV の精度ということになる．水素原子につかまっている電子の束縛エネルギーが 10 eV 強であることを考えると，質量を測るだけで電子の束縛エネルギーを 0.1% の精度で決定でき

[*1] 1930 年，ローレンス（E.O.Lawrence）はこの原理を用いて荷電粒子を加速することに成功し，1939 年度のノーベル物理学賞を受賞している．サイクロトロンはさまざまな改良を経て，相対論的エネルギー領域まで加速が可能になり，現在でも第一線の加速器として活躍している．

問題 5.2 磁場中の荷電粒子の運動を解析する際の自然座標系の有効さと比較するため，運動方程式 (5.65) を直角座標系で解いてみよう． □

[**解**] 磁場が z 軸の負の方向を向いていると考え，式 (5.65) を x, y 成分ごとに書き下すと，

$$m\dot{v}_x = -qBv_y \tag{5.71}$$

$$m\dot{v}_y = qBv_x \tag{5.72}$$

$$m\dot{v}_z = 0 \tag{5.73}$$

である．v_y のみの微分方程式をつくるため，式 (5.72) の両辺を時刻 t に関して微分し，式 (5.71) を代入すると，

$$m\ddot{v}_y = -\frac{(qB)^2}{m}v_y \tag{5.74}$$

が得られる．したがって，

$$v_y = v_0 \cos\left(\frac{qB}{m}t + \alpha\right) \tag{5.75}$$

である．初期条件を $t=0$ で $v_x = v_0$, $v_y = 0$, $x = 0$, $y = 0$ とおくと，

$$x = \frac{mv_0}{qB}\sin\left(\frac{qB}{m}t\right) \tag{5.76}$$

$$y = \frac{mv_0}{qB}\left(1 - \cos\frac{qB}{m}t\right) \tag{5.77}$$

となる．これより，

$$x^2 + \left(y - \frac{mv_0}{qB}\right)^2 = \left(\frac{mv_0}{qB}\right)^2 \tag{5.78}$$

として，上と同じ結果が得られた． ∎

問題 5.3 図 5.5 のように空間を隔壁で仕切り，これより上側には紙面に垂直に一定磁場 B，下側は磁場のない領域をつくる．この隔壁に細孔 P と Q を距離 l だけ離してうがった．細孔 P から質量 m，電荷 q，速度 v_0 の荷電粒子を隔壁に垂直に入射させたところ，もう一方の細孔 Q から出射されてきた．この

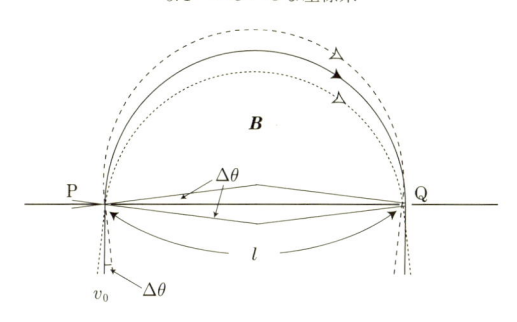

図 5.5 磁場分析器の概念図

とき B, m, q, v_0 および, l の間に成り立つ関係を求めよ．次に，粒子がわずかに垂直方向からずれて入射した場合，粒子は細孔 Q を通り抜けることができるか考察せよ． □

[解]

$$l = \frac{2mv_0}{qB} \tag{5.79}$$

である．このように，一様磁場中で荷電粒子を振り分けると，その運動量を価数で除した量を決定できることがわかる．また，細孔の径を a とすると，ここを通り抜けることができる粒子のもつ運動量幅 $(m\Delta v)$ と a の間に

$$a = \frac{2m\Delta v}{qB} \tag{5.80}$$

の関係がある．したがって，

$$\frac{\Delta v}{v_0} = \frac{a}{l} \tag{5.81}$$

である[*2]．

粒子が細孔 P に垂直方向からわずかな角度 $\Delta\theta$ だけずれて入射したとしよう．このとき，Q における出射位置は，図 5.5 より，$\Delta\theta$ の符号によらず，垂直入射位置から

[*2] 式 (3.35) でみたように，一様電場は荷電粒子の運動エネルギーを電荷で除した量を決定できた．一方，磁場は運動量を電荷で除した量を決定できる．したがって，これを組み合わせれば，粒子の質量や速さをユニークに決定することができる．

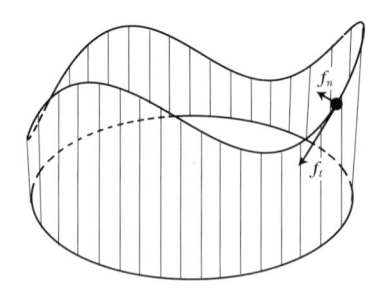

図 5.6 ジェットコースター上の物体に働く力

$$\Delta l = l(1 - \cos \Delta\theta) \sim \frac{1}{2} l \Delta\theta^2 \qquad (5.82)$$

だけつねに内側にずれる．このずれは $\Delta\theta$ の 2 乗に比例しており，したがって，入射角が多少拡がっていても，同じ運動量をもつ粒子はほぼ同じ点に到達することがわかる．静磁場のもつこの性質を利用して荷電粒子の運動量分析器がつくられている． ∎

自然座標系で運動を考えるのが有効になるもう 1 つの重要な例は，軌跡の決まっている運動である．例えば，図 5.6 のようなジェットコースターの運動を考えよう．ジェットコースターに外部から働いている力は重力だけなのだが，乗ったことのある人なら知っているように，ジェットコースターが方向を変えるときにはそれと反対方向に大変強い力を受ける．つまり，これに抗して乗り物を軌道上に引き留めておく反対向きの力が働いているはずで，実際，図 5.3 の e_n の向きは，この考察に一致している．これは，ジェットコースターのレールから乗り物に働く力で，束縛力とよばれる．したがって，e_t, e_n, e_b の各方向について外力（$\boldsymbol{f}^e$）と束縛力（$\boldsymbol{f}^b$）を分けて書くと，式 (5.61)〜(5.63) は，それぞれ，

$$m\dot{v} = f_t^e + f_t^b \qquad (5.83)$$

$$m\frac{v^2}{\rho} = f_n^e + f_n^b \qquad (5.84)$$

$$0 = f_b^e + f_b^b \qquad (5.85)$$

となるように $\boldsymbol{f}^b$ が決まる．f_t^b は運動方向に働く束縛力で，これまで何度か

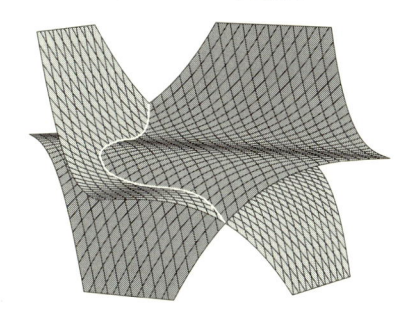

図 5.7 2 枚の曲面の交線で定義される曲線

扱った摩擦力は f_t^b の一種である.

束縛力は気をつけてみれば,日常的に見出される力である.図 3.7 (a) のように机の上に物をおいたとき,重力の働いているにもかかわらず,これが静止しているのは,まさに,重力とちょうど大きさが同じで反対向きの力が机から働いているからである.これは抗力とよばれる束縛力である.また,振り子が自由に落下せずに糸の長さを一定に保って振動しているのも,重力に抗して張力とよばれる束縛力が働いているからである.束縛力の大きさは,ある決められた軌道を維持するように働くため,保存力のように,質点の位置を決めれば決まるというようなものではない.実際,式 (5.62) からわかるように,運動状態によって,その大きさは変化する.必要とする束縛力が大きすぎると,束縛力を与えている物体はそれに耐えきれなくなって,破壊され,質点は束縛運動を続けることができなくなると予想される.あまりに重いものを乗せたときに床が抜ける,振り子を勢いよく振り回しすぎると振り子の糸が切れる,などは十分な束縛力を与えることができなくなった場合に生じる現象である.

さて,図 5.6 のジェットコースターの例のように,質点の運動がある曲線の上に限られている場合に戻ろう.図 5.7 に例を示したように,3 次元空間内の曲線は 2 つの曲面の交線として定義することができる.この 2 つの曲面を,

$$g(x_1, x_2, x_3) = 0 \tag{5.86}$$

$$h(x_1, x_2, x_3) = 0 \tag{5.87}$$

とおこう.質点が時間 Δt の間に,曲線に沿って Δr だけ動いたとしよう.こ

のとき，曲線は両曲面内にあるので，式 (5.86) と式 (5.87) を満たしている．したがって，

$$g(x_1, x_2, x_3) = g(x_1 + \Delta x_1, x_2 + \Delta x_2, x_3 + \Delta x_3) \quad (5.88)$$

$$h(x_1, x_2, x_3) = h(x_1 + \Delta x_1, x_2 + \Delta x_2, x_3 + \Delta x_3) \quad (5.89)$$

である．ところで，Δx_1, Δx_2, Δx_3 が微小な量であるとき，

$$g(x_1 + \Delta x_1, x_2 + \Delta x_2, x_3 + \Delta x_3) \sim g(x_1, x_2, x_3) + \frac{\partial g}{\partial x_1} \Delta x_1$$
$$+ \frac{\partial g}{\partial x_2} \Delta x_2 + \frac{\partial g}{\partial x_3} \Delta x_3 \quad (5.90)$$

としてよいであろう．ただし，例えば，$\partial g/\partial x_1$ は関数 $g(x_1, x_2, x_3)$ を x_2 と x_3 は定数と見なして x_1 に関して微分することを意味する記号で，偏微分とよばれる．そこで演算子，

$$\boldsymbol{\nabla} = \left(\frac{\partial}{\partial x_1}, \frac{\partial}{\partial x_2}, \frac{\partial}{\partial x_3} \right) = \sum_{i=1}^{3} \boldsymbol{e}_i \frac{\partial}{\partial x_i} \quad (5.91)$$

を導入すると，式 (5.90) は

$$g(x_1 + \Delta x_1, x_2 + \Delta x_2, x_3 + \Delta x_3) \sim g(x_1, x_2, x_3) + \boldsymbol{\nabla} g \cdot \Delta \boldsymbol{r} \quad (5.92)$$

と書ける．ただし，$\Delta \boldsymbol{r} = (\Delta x_1, \Delta x_2, \Delta x_3)$ である．したがって，

$$\boldsymbol{\nabla} g \cdot \Delta \boldsymbol{r} = 0 \quad (5.93)$$

であることがわかる．$\boldsymbol{\nabla}$ はナブラと読み grad，あるいは，$\partial/\partial \boldsymbol{r}$ とも表現される．同様にして，

$$\boldsymbol{\nabla} h \cdot \Delta \boldsymbol{r} = 0 \quad (5.94)$$

も得られる．このように，質点の軌跡に沿った微小ベクトル $\Delta \boldsymbol{r}$ は，$\boldsymbol{\nabla} g$ と $\boldsymbol{\nabla} h$ の両方に直交していることがわかった．すなわち，垂直方向の束縛力と $\boldsymbol{\nabla} g$, および，$\boldsymbol{\nabla} h$ の間には，λ と μ を適当な定数として，

図 5.8　$r = \sin(2\theta)$

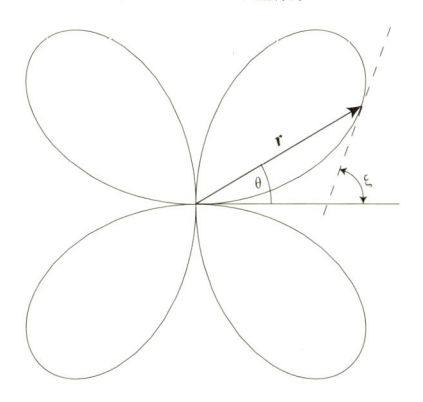

$$f_n^b = (\lambda \nabla g + \mu \nabla h) \cdot \boldsymbol{e}_n \tag{5.95}$$

$$f_b^b = (\lambda \nabla g + \mu \nabla h) \cdot \boldsymbol{e}_b \tag{5.96}$$

の関係がある.

問題 5.4　$r = \sin(2\theta)$ は，図 5.8 に示したように四つ葉のクローバーのような形をしている．このような軌道に束縛され，速さ v で運動している質量 m の質点に働いている束縛力を求めよ．ただし，外力も摩擦力も働いていないものとする．　□

［解］　速さ v は一定であるから，

$$f_n^b = m \frac{v^2}{\rho} \tag{5.97}$$

である．したがって，軌道の曲率半径 ρ を求めればよい．

質点が θ から $\theta + \Delta\theta$ に変る間に移動する距離 Δs は，

$$\Delta s = \sqrt{(\Delta r)^2 + (r\Delta\theta)^2} = \sqrt{\left(\frac{dr}{d\theta}\right)^2 + r^2} d\theta \tag{5.98}$$

である．また，点 (r, θ) において接線が $\theta = 0$ 軸となす角 ξ は，

$$\xi = \arctan \frac{dy}{dx} = \arctan \left[\frac{d(r\sin\theta)}{d(r\cos\theta)} \right]$$

$$= \arctan\left[\frac{\frac{dr}{d\theta}\sin\theta + r\cos\theta}{\frac{dr}{d\theta}\cos\theta - r\sin\theta}\right] \tag{5.99}$$

となる．したがって，角度が θ から $\theta + \Delta\theta$ に変るとき，ξ の変化は，

$$\Delta\xi = \frac{d\xi}{d\theta}\Delta\theta = \frac{d}{d\theta}\left(\arctan\frac{dy}{dx}\right)\Delta\theta = \frac{\frac{d}{d\theta}\left(\frac{dy}{dx}\right)}{1 + \left(\frac{dy}{dx}\right)^2}\Delta\theta$$

$$= \frac{r^2 - r\frac{d^2r}{d\theta^2} + 2\left(\frac{dr}{d\theta}\right)^2}{r^2 + \left(\frac{dr}{d\theta}\right)^2}\Delta\theta \tag{5.100}$$

として得られる．したがって，曲率半径 ρ は，

$$\rho = \frac{\Delta r}{\Delta\xi} = \frac{\left(r^2 + \left(\frac{dr}{d\theta}\right)^2\right)^{3/2}}{r^2 - r\frac{d^2r}{d\theta^2} + 2\left(\frac{dr}{d\theta}\right)^2} \tag{5.101}$$

である．$r = \sin 2\theta$ を用い，束縛力（式 (5.62)）を求めると，

$$f_n = \frac{mv^2(8 - 3r^2)}{(4 - 3r^2)^{3/2}} = \frac{(5 + \cos^2 2\theta)mv^2}{(1 + \cos^2 2\theta)^{3/2}} \tag{5.102}$$

となる． ∎

5.2 運動エネルギーと仕事

第 4 章では 1 次元の運動に力学的エネルギーという概念を導入して，運動を議論した．本節では，力学的エネルギーと仕事という概念を 3 次元空間の運動にどのように拡張できるかを考えよう．

まず，1 次元のときと同様，ニュートンの運動方程式，

$$m\ddot{\boldsymbol{r}} = \boldsymbol{f}(\boldsymbol{r}, t) \tag{5.103}$$

から出発し，$\dot{\boldsymbol{r}}$ との内積をとって，時刻 t_0 から t_1 まで積分しよう．このとき，式 (2.42) において，$\boldsymbol{u} = \boldsymbol{v} = \dot{\boldsymbol{r}}$ とおくと，

$$\frac{d}{dt}(\dot{\boldsymbol{r}}^2) = 2\dot{\boldsymbol{r}} \cdot \ddot{\boldsymbol{r}} \tag{5.104}$$

であるので，1次元のときと同様，左辺は積分することができて，

$$\int_{t_0}^{t_1} dt(m\dot{\boldsymbol{r}}\cdot\ddot{\boldsymbol{r}}) = \int_{t_0}^{t_1} dt \frac{d}{dt}\left(\frac{1}{2}m\dot{\boldsymbol{r}}^2\right) = \int_{t_0}^{t_1} \frac{dK}{dt} dt$$
$$= K(t_1) - K(t_0) \tag{5.105}$$

となる．ここで

$$K = \frac{1}{2}m\dot{\boldsymbol{r}}^2 = \frac{1}{2}m(\dot{x_1}^2 + \dot{x_2}^2 + \dot{x_3}^2) \tag{5.106}$$

は3次元に拡張された運動エネルギーである．一方，右辺は

$$\int_{t_0}^{t_1} \boldsymbol{f}\cdot\frac{d\boldsymbol{r}}{dt} dt = \int_{r_0}^{r_1} \boldsymbol{f}\cdot d\boldsymbol{r} \tag{5.107}$$

と書ける．ただし，$\boldsymbol{r}_0$, $\boldsymbol{r}_1$ はそれぞれ，時刻 t_0, t_1 における質点の位置ベクトルである．式 (5.107) の右辺は，例えば図 5.9 の C_1 のような質点の軌跡に沿った線積分を表す．すなわち，通常の積分と同じく，軌跡を微少部分に分割し，

$$W(\boldsymbol{r}_1, \boldsymbol{r}_2) = \int_{r_0}^{r_1} \boldsymbol{f}\cdot d\boldsymbol{r} = \lim_{\Delta r_i \to 0} \sum_i \boldsymbol{f}(\boldsymbol{r}_i)\cdot\Delta\boldsymbol{r}_i$$
$$= \lim_{\Delta x_{ji} \to 0} \sum_i \sum_{j=1}^3 f_j(x_{1i}, x_{2i}, x_{3i})\Delta x_{ij} \tag{5.108}$$

を意味する．これは，$\boldsymbol{f}$ と $\Delta\boldsymbol{r}$ の内積をとって経路全体について足し合せたも

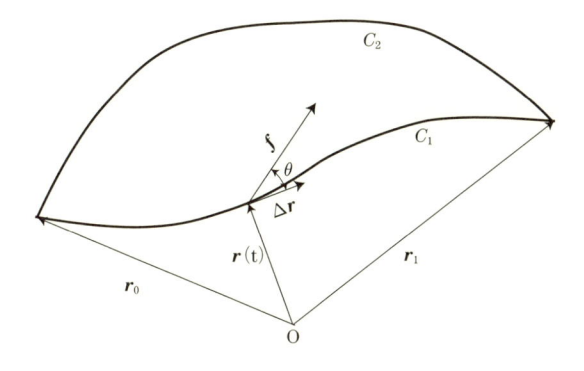

図 5.9 運動の軌跡と仕事

のであるから，やはりスカラーである．W は，第 4 章で導入した 1 次元運動における仕事概念の拡張と考えることができるので，やはり力 f がした「仕事」とよぶことにしよう．仕事は質点の運動方向に働く力がその軌跡に沿ってどの程度あったかで決まる（図 5.9 参照）．当然ながら，運動方向と垂直に働く力は仕事をしない．式 (5.106) と式 (5.107) をまとめると，

$$K(t_1) - K(t_0) = \int_{r_0}^{r_1} \boldsymbol{f} \cdot d\boldsymbol{r} \qquad (5.109)$$

となる．すなわち，3 次元空間内の運動でも，

「運動エネルギーの増加は，その時間内に力 f のした仕事に等しい」

ことがわかる．

問題 5.5 図 5.10 のように，平面上においた円板を滑らないように回転させたとき，円板の縁に固定した点の軌跡を考える．これをサイクロイドとよぶ．サイクロイドは $x = \theta - \sin\theta$, $y = 1 + \cos\theta$ で与えられることを示せ．円板が 1 回転したときこの点の軌跡の長さを線積分を実行することによって求めよ．　□

[**解**]

$$ds = \sqrt{dx^2 + dy^2} = \sqrt{\left(\frac{dx}{d\theta}\right)^2 + \left(\frac{dy}{d\theta}\right)^2}\, d\theta$$

$$= \sqrt{(1-\cos\theta)^2 + \sin^2\theta}\, d\theta = 2\sin\frac{\theta}{2}\, d\theta \qquad (5.110)$$

であるので，

$$\int ds = \int_0^{2\pi} 2\sin\left(\frac{\theta}{2}\right) d\theta = 8 \qquad (5.111)$$

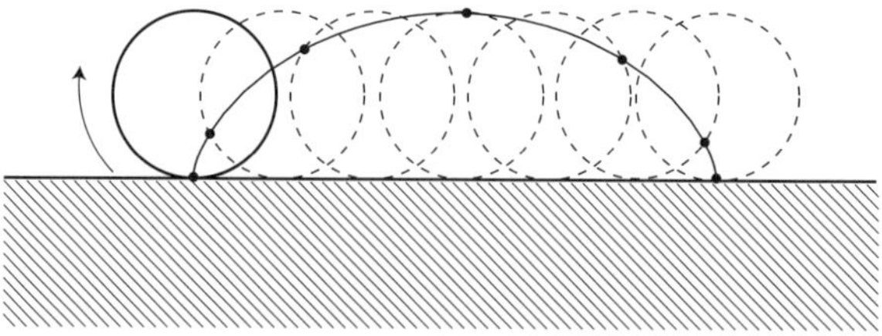

図 5.10　サイクロイド曲線（円板の縁上に固定された点の軌跡）

と全長8であることが導かれる．

5.3 保存力と力学的エネルギーの保存則

ところで，質点が3次元空間を動くとき，仕事は一般に質点の位置や初期状態ばかりでなく，運動経路にも依存するであろう．例えば，山をはさんだA点からB点へ移動する場合，山を越えるか，麓を迂回するか，あるいは，風の強いところを通過するか，等で仕事量に差がつくのは容易に想像される．が，特別な場合として，仕事が運動経路には依存せず，始点と終点だけに依存するような力を考えよう．このような力は，1次元の運動で考察した保存力の自然な拡張と考えることができるので，やはり，保存力とよぶことにしよう．さて，$\boldsymbol{f}$ が保存力である場合，図5.9のように任意の経路2つを選び出しそれぞれ C_1，C_2 と名づけると，

$$\int_{C_1} \boldsymbol{f} \cdot d\boldsymbol{r} = \int_{C_2} \boldsymbol{f} \cdot d\boldsymbol{r} = -U(\boldsymbol{r}_1, \boldsymbol{r}_0) \tag{5.112}$$

となる．さて，式 (5.112) は，C_1 を通って $\boldsymbol{r}_0$ から $\boldsymbol{r}_1$ へいき，次いで，C_2 を通って $\boldsymbol{r}_0$ へ戻ると，その仕事は0となることを意味する．すなわち，

$$\oint \boldsymbol{f} \cdot d\boldsymbol{r} = 0 \tag{5.113}$$

である．ここで $\oint$ は閉じた経路に沿った線積分を表す記号である．

式 (5.112) は任意の経路について成立するので，$U(\boldsymbol{r}_1, \boldsymbol{r}_0)$ を計算する際，原点を経由し，その前後で積分を分けることにしよう．すると，

$$\begin{aligned}U(\boldsymbol{r}_1, \boldsymbol{r}_0) &= -\int_{\boldsymbol{r}_0}^{\boldsymbol{r}_1} \boldsymbol{f} \cdot d\boldsymbol{r} = -\int_{\boldsymbol{r}_0}^{0} \boldsymbol{f} \cdot d\boldsymbol{r} - \int_{0}^{\boldsymbol{r}_1} \boldsymbol{f} \cdot d\boldsymbol{r} \\ &= U(\boldsymbol{r}_1) - U(\boldsymbol{r}_0)\end{aligned} \tag{5.114}$$

と書くことができる．この $U(\boldsymbol{r})$ を質点の $\boldsymbol{r}$ におけるポテンシャルエネルギーとよぶのは，やはり1次元の場合の拡張となっている．したがって，式 (5.109) は，

$$E = K_1 + U(\boldsymbol{r}_1) = K_0 + U(\boldsymbol{r}_0) \tag{5.115}$$

と書き替えることができる．ここで現れた運動エネルギーとポテンシャルエネルギーの和 E をやはり力学的エネルギーとよぼう．式 (5.115) から明らかなように，力学的エネルギーは質点の時刻，位置によらない．したがって，保存力のもとで力学的エネルギーは保存する．その大きさが原点のとり方に依存するのも 1 次元の場合と同様である．すなわち，力学的エネルギーはその差のみが意味をもつ．

次に，式 (5.115) で E が時刻に依存しないことから，これを t で微分すると，

$$\begin{aligned}
0 &= \frac{dK}{dt} + \frac{dU}{dt} \\
&= m\frac{d\boldsymbol{r}}{dt} \cdot \frac{d^2\boldsymbol{r}}{dt^2} + \frac{\partial U}{\partial x_1}\frac{dx_1}{dt} + \frac{\partial U}{\partial x_2}\frac{dx_2}{dt} + \frac{\partial U}{\partial x_3}\frac{dx_3}{dt} \\
&= \left(m\frac{d^2\boldsymbol{r}}{dt^2} + \boldsymbol{\nabla}U\right) \cdot \frac{d\boldsymbol{r}}{dt}
\end{aligned} \tag{5.116}$$

が得られる．したがって，保存力とポテンシャルエネルギーの間には

$$\boldsymbol{f}(\boldsymbol{r}) = -\boldsymbol{\nabla}U \tag{5.117}$$

の関係がある．

さて，力 $\boldsymbol{f}$ は 3 次元ベクトルであって，3 つの成分をもっていることを思い出そう．すると，式 (5.117) は大変重要なことを表していることがわかる．すなわち，保存力の 3 つの成分は，互いに無関係ではなく，スカラーであるポテンシャルエネルギーという 1 成分量から一意的に導かれる．

U_0 を定数として，$U(\boldsymbol{r}) = U_0$ をみたす曲面を「等ポテンシャル面」とよぶ．例えば，一様な重力は，地表に垂直上向きを z 方向にとると，

$$\boldsymbol{f} = -mg\boldsymbol{e}_z \tag{5.118}$$

と書ける．したがって，ポテンシャルエネルギーは，地表で 0 として，

$$U = mgz \tag{5.119}$$

となる．すなわち，等ポテンシャル面は地表に平行な平面である[*3)]．

[*3)] われわれは地球が丸いことを知っている．上で考えた，また，3.1 節でも考えた，一様な重力という仮定の妥当性は，6.4 節の問題参照．

r と $r+\Delta r$ が同じ等ポテンシャル面上にあるとき，

$$U(r+\Delta r) = U(r) \tag{5.120}$$

である．すなわち，

$$\nabla U(r)\cdot \Delta r = -f(r)\cdot \Delta r = 0 \tag{5.121}$$

となる．これは，f が等ポテンシャル面に垂直で，U の減少する方向を向いていることを示している．一方，Δr を等ポテンシャル面と垂直にとると，

$$|\Delta U| = |f|\cdot \Delta r \tag{5.122}$$

となる．すなわち，等ポテンシャル面を一定のポテンシャルエネルギーごとに描くと，力の強いところで等ポテンシャル面の間隔が狭くなる．

さて，$\frac{1}{2}m\dot{r}^2 \geq 0$ であるから，式 (5.115) から，

$$E \geq U(r) \tag{5.123}$$

と書け，これをみたす運動のみが許されるのは 1 次元の場合と同様である．すなわち，運動の詳細を知らずとも，可動区間はただちに評価することができる[*4]．

5.3.1 振り子のポテンシャルエネルギーと運動

やはり以前に考察した振り子の運動を力学的エネルギーを用いて考えてみよう．簡単のため，質点が質量の無視できる棒の先に取りつけられていて，棒はたわまない場合を考える．もとになる運動方程式は，

$$ml\ddot{\theta} = -mg\sin\theta \tag{5.124}$$

である．そこで，やはり両辺に $\dot{\theta}$ を掛け，積分すると，

$$\frac{1}{2}ml\dot{\theta}^2 = mg(A+\cos\theta) \tag{5.125}$$

[*4] もともと物体の運動は微分方程式で与えられていた．すなわち，ある時刻とその直後の時刻の間の関係ですべてが決定されていた．しかし，ポテンシャルエネルギーという量で物を考えると，時々刻々の変化ではなく，全体として物事がどう起こるかを容易にとらえることができる．これまでの議論から明らかなように，これらの異なった運動の記述の仕方は互いに等価である．

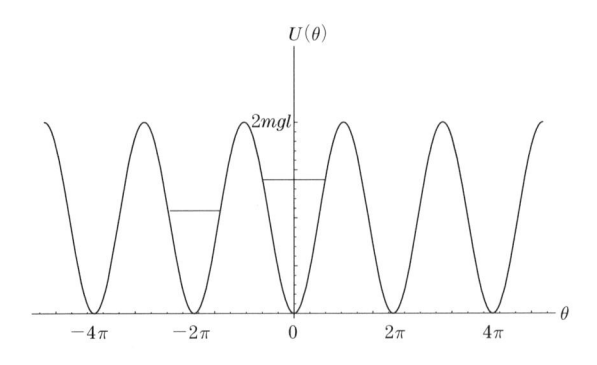

図 5.11 振り子のポテンシャルエネルギー

が得られる．ここで，運動エネルギーが $\frac{1}{2}m(l\dot{\theta})^2$ で与えられることから，式 (5.125) に l を掛けると全体がエネルギーの次元になる．さらに，$\theta = 0$ で静止している（$\dot{\theta} = 0$）とき，力学的エネルギーを 0 としてエネルギーの原点を決めると，この振り子の力学的エネルギー E は，

$$E = \frac{1}{2}m(l\dot{\theta})^2 + mgl(1 - \cos\theta) \tag{5.126}$$

で与えられる．このとき，ポテンシャルエネルギーは図 5.11 のようになる．図からも明らかなように，力学的エネルギーが $2mgl$ 以下であると，運動はある角度範囲内に限られるが，$E \geq 2mgl$ では，角度に制限がなくなる．これは振り子が固定点の周りをぐるぐると回っている状態に対応している．

さて，質点がたわまない棒ではなく，ひもの先にくくりつけられている場合を考えよう．このとき，たとえ力学的エネルギーが $2mgl$ を越えていても固定点の周りを回り続けるとはかぎらない．回転が遅いとひもが緩んでしまうためである．ひもにかかっているのは，図 5.12 に示したように，重力，向心力，および，張力の 3 つの力である．これを，ひもに沿った方向の力のバランスと，それと垂直方向の質点の運動に分けると，

$$mg\cos\theta + ml\dot{\theta}^2 = T \tag{5.127}$$

$$ml\ddot{\theta} = -mg\sin\theta \tag{5.128}$$

となる．ひもが緩まないという条件は，張力 T が正に保たれている，すなわち，

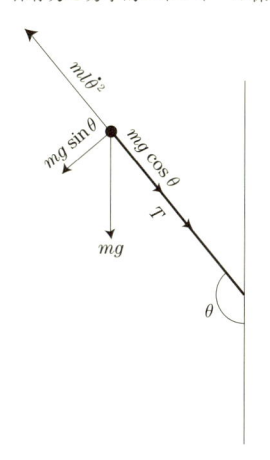

図 5.12 ひもにつり下げられた質点の力のバランス

$$mg\cos\theta + ml\dot{\theta}^2 \geq 0 \tag{5.129}$$

ということである．ところが，振り子が往復運動をするような場合，必ず折り返し点で

$$\dot{\theta} = 0 \tag{5.130}$$

となるので，$\cos\theta < 0$, すなわち，$\theta > \pi/2$ のとき，ひもはたるむことがわかる．一方，力学的エネルギーが十分大きく，振り子が固定点の周りを回る条件では，質点の速度が一番遅くなる $\theta = \pi$ で式 (5.129) がみたされていればよい．すなわち，

$$l\dot{\theta}^2 \geq g \tag{5.131}$$

であればよいので，これと式 (5.127) を組み合せて，

$$E \geq \frac{1}{2}m(l\dot{\theta})^2 + 2mgl \geq \frac{5}{2}mgl \tag{5.132}$$

であれば，ひもは緩まず，回転を続けることがわかる．

同じ問題を円柱座標系で考えてみよう．このとき，式 (5.25), (5.26) より，

$$m\frac{dv_\rho}{dt} = f_\rho + \frac{mv_\phi^2}{\rho} = -T + mg\cos\phi + \frac{mv_\phi^2}{\rho} \tag{5.133}$$

$$m\frac{d}{dt}(\rho v_\phi) = \rho f_\phi \tag{5.134}$$

である．ただし，図 5.1 に従って，角度の変数を ϕ とした．ここで，ひもが伸びも緩みもしないとき，$v_\rho = 0$, $\rho = l$ であるので，

$$0 = -T + mg\cos\phi + \frac{mv_\phi^2}{l} \tag{5.135}$$

$$ml\frac{dv_\phi}{dt} = -mgl\sin\phi \tag{5.136}$$

と，式 (5.127), (5.128) と同じ方程式が得られた．

問題 5.6 図 5.13 に示したように，長さ l の質量の無視できるひもに結びつけられた質量 m の質点が最下点で静止している．この質点に $t=0$ で $E = 2mgl$ の運動エネルギーを与えた．質点の軌跡を求めよ． □

[解] 力学的エネルギー E は，

$$E = \frac{1}{2}m(l\dot\theta)^2 + mgl(1-\cos\theta) = 2mgl \tag{5.137}$$

である．ところで，質点が円周上から離れ始める位置を P とすると，位置 P では張力 $T=0$ になっているので，

$$ml\dot\theta^2 + mg\cos\theta = 0 \tag{5.138}$$

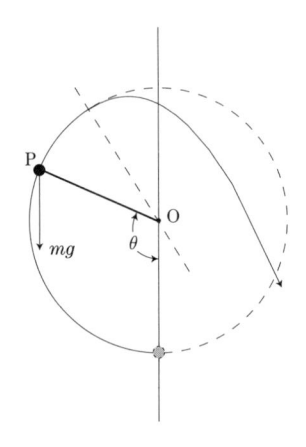

図 **5.13** ひもの先に固定された質点の運動

である．この 2 式を組み合せると，位置 P を求めることができて，

$$\cos\theta = -\frac{2}{3} \tag{5.139}$$

となる．したがって，また，点 P における質点の運動エネルギーは

$$\frac{1}{3}mgl \tag{5.140}$$

となる．この後は自由落下になるので，点 P 以降の質点の運動は

$$x = -\frac{\sqrt{5}}{3}l + \frac{2}{3}\sqrt{\frac{2gl}{3}}t \tag{5.141}$$

$$y = \frac{2}{3}l + \frac{\sqrt{5}}{3}\sqrt{\frac{2gl}{3}}t - \frac{1}{2}gt^2 \tag{5.142}$$

で与えられ，図 5.13 の実線のような軌跡になる．

5.3.2 エネルギー等分配則

再び，単振動している系に戻り，ちょっと違った観点からもう一度これを眺めてみよう．まず，運動方程式，

$$m\frac{d^2\boldsymbol{r}}{dt^2} = -k\boldsymbol{r} \tag{5.143}$$

と $\boldsymbol{r}$ の内積をとる．左辺と右辺はそれぞれ

$$m\boldsymbol{r}\cdot\frac{d^2\boldsymbol{r}}{dt^2} = m\frac{d}{dt}(\boldsymbol{r}\cdot\dot{\boldsymbol{r}}) - m\dot{\boldsymbol{r}}^2 = m\frac{d}{dt}(\boldsymbol{r}\cdot\dot{\boldsymbol{r}}) - 2K \tag{5.144}$$

$$-\boldsymbol{r}\cdot k\boldsymbol{r} = -k\boldsymbol{r}^2 = -2U \tag{5.145}$$

と変形できる．ここで，系の運動エネルギーとポテンシャルエネルギーを K, U とおいた．これを周期 τ にわたって平均すると，$\boldsymbol{r}(\tau) = \boldsymbol{r}(0)$, $\dot{\boldsymbol{r}}(\tau) = \dot{\boldsymbol{r}}(0)$ なので，

$$\int_0^\tau \frac{d}{dt}(\boldsymbol{r}\cdot\dot{\boldsymbol{r}}) = (\boldsymbol{r}\cdot\dot{\boldsymbol{r}})_{t=\tau} - (\boldsymbol{r}\cdot\dot{\boldsymbol{r}})_{t=0} \tag{5.146}$$

は 0 となる．すなわち，

$$<K> = <U> \tag{5.147}$$

である．ここで $<\ >$ は周期にわたっての平均を意味する．このように，単振動している系の運動エネルギーとポテンシャルエネルギーは，その振動の周期にわたって平均すると，同じ大きさになる．これをエネルギー等分配則とよぶ．

一般に，系を支配している力 $\bm{f}$ が

$$\bm{f} = -\kappa r^a \frac{\bm{r}}{r} \tag{5.148}$$

と書けるとき，上と同様にして，両辺に $\bm{r}$ を掛け，周期にわたって積分することにより，

$$<K> = \frac{a+1}{2} <U> \tag{5.149}$$

という関係が得られる．この運動エネルギーの平均値とポテンシャルエネルギーの平均値の関係はビリアル定理とよばれる．ただし，

$$U = \kappa \frac{r^{a+1}}{a+1} \tag{5.150}$$

である．例えば，クーロン力（$\propto r^{-2}$）のとき，$<K> = -\frac{1}{2}<U>$ となる．

5.4 断熱不変量

第3章でみたように，振り子の角振動数はその長さ l の平方根に反比例する．では，l が時間とともにゆっくりと変化する場合，振り子はどんな運動をするであろうか．どんなときが"ゆっくり"かは注目する現象によるであろうが，とりあえず，1周期あたりの角振動数の変化 $\Delta\omega$ が角振動数 ω より十分小さいとき，すなわち，

$$\frac{\Delta\omega}{\omega} = 2\pi \frac{d\omega/dt}{\omega^2} \ll 1 \tag{5.151}$$

を考えよう．簡単のため，振幅が小さく，運動は単振動で近似できるとする．このとき運動方程式は，

$$\ddot{x} = -\frac{g}{l(t)}x = -\omega^2(t)x \tag{5.152}$$

と書けるであろう．ω が時刻に依存しないとき，$x = x_0 \exp(-i\omega t)$ が解であるので，

$$x = x_0(t) \exp\left(i \int^t \omega(t') dt'\right) \tag{5.153}$$

とおいて，定数変化法により $x_0(t)$ を決定してみよう．式 (5.153) の 1 階，および，2 階の微分は，それぞれ

$$\frac{dx}{dt} = \left(\frac{dx_0}{dt} + i\omega(t) x_0\right) \exp\left(i \int^t \omega(t') dt'\right) \tag{5.154}$$

$$\frac{d^2 x}{dt^2} = \left(\frac{d^2 x_0}{dt^2} + 2i\omega \frac{dx_0}{dt} + i\frac{d\omega}{dt} x_0 - \omega^2 x_0\right) \exp\left(i \int^t \omega(t') dt'\right) \tag{5.155}$$

となる．運動方程式 (5.152) と式 (5.155) を比較すると，

$$\ddot{x}_0 + 2i\omega \dot{x}_0 + i\dot{\omega} x_0 = 0 \tag{5.156}$$

が得られる．ここで x_0，ω が実数であることから

$$\ddot{x}_0 = 0 \tag{5.157}$$

$$2\omega \dot{x}_0 + \dot{\omega} x_0 = 0 \tag{5.158}$$

が成立する．式 (5.158) は，両辺を ωx_0 で割って，

$$2\frac{\dot{x}_0}{x_0} + \frac{\dot{\omega}}{\omega} = 0 \tag{5.159}$$

であるので，積分することができて，

$$\log x_0^2 + \log \omega = C \tag{5.160}$$

が得られる．したがって，

$$x_0 = \frac{C'}{\sqrt{\omega}} \tag{5.161}$$

である．ただし，$C' > 0$ である．このように，振幅は振動数の増大とともに小さくなる．

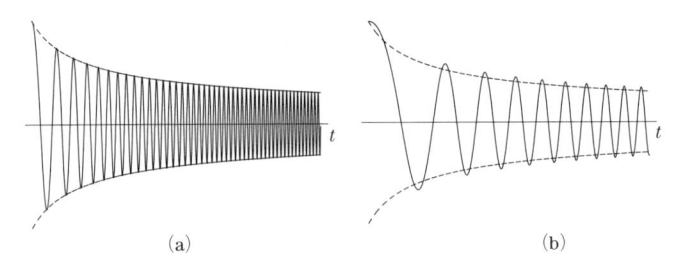

図 5.14 (a) ゆっくりと振動数の変化する振り子の運動，(b) 比較的速く振動数の変化する振り子の運動．波線は x_0（式 (5.161)）

上の考察の妥当性をみるため，

$$\omega = 1 + at \tag{5.162}$$

として，式 (5.152) を $a = 0.2$，および，$a = 1$ について数値計算したものと，式 (5.161) を図 5.14 に示した．振動数の変化がゆっくりしている $a = 0.2$ の場合，式 (5.161) は実際の振幅をよく再現していることがわかる．

さて，振り子の力学的エネルギーは

$$E = \frac{1}{2}m\dot{x}^2 + \frac{1}{2}m\omega^2 x^2 \tag{5.163}$$

である．最大振幅の位置では運動エネルギーが 0 になっていることから，式 (5.161) を用いて，

$$E = \frac{1}{2}m\omega^2 \frac{C'^2}{\omega} = \frac{1}{2}m\omega C'^2 \tag{5.164}$$

と書ける．すなわち，振り子のエネルギーは ω に比例する．同じことであるが，

$$\frac{E}{\omega} = \frac{1}{2}mC'^2 \tag{5.165}$$

と書くと，力学的エネルギーを系に固有の角振動数で割ったものは時刻に依存せず一定値をとる，ことがわかる．このようにパラメータがゆっくり変化するとき保存する量を断熱不変量とよぶ[*5]．

[*5] 断熱不変量はエネルギーと時間の積という次元をもっていることがわかる．このような物理量を作用とよぶ．

上の導き方からわかるように，断熱不変量の概念はなにも振り子に固有ではない．振動的に振る舞っている系の振動数が，ゆっくりと変化するとき，つねに現れる．例えば，磁束密度が空間的にゆっくり変化している領域を運動している荷電粒子を考えよう．荷電粒子は，磁場と垂直方向には角振動数 $\omega = qB/m$, 半径 $r = mv_\perp/qB$ のサイクロトロン運動をする．さて，荷電粒子が磁場中をゆっくり移動するとき，E/ω はやはり断熱不変量になると考えられる．すなわち，磁場と垂直方向の運動エネルギーを $E = \frac{1}{2}mv_\perp^2$ として，

$$\frac{E}{\omega} = \frac{1}{2}\frac{mv_\perp^2}{\omega} = \frac{1}{2}\frac{m^2 v^2 \sin^2\alpha}{qB} \tag{5.166}$$

が断熱不変量である．ここで α は，磁束密度 $\boldsymbol{B}$ に対して荷電粒子の速度ベクトルがなす角である．さて，荷電粒子の全エネルギーは変化しないので，磁場が大きな領域では α が大きくなり，やがて $v_\perp = v$ になる．これは荷電粒子がそれ以上強い磁場の中に入っていけないことを意味している．すなわち，荷電粒子は跳ね返される．これを磁気鏡とよぶ．また，磁気鏡を左右対称に用意すると，荷電粒子をある領域に閉じ込めることのできる "磁気瓶" をつくることもできる．

5.5　次元による物理量の推定

ここまで，いくつかの典型的な例について物体（質点）の運動をみてきた．できるだけ物理的なイメージのわきやすい例を示し，解析解の得られない場合には，数値解の例と近似解を示して，近似的にものを考えることの有効性と限界をみてきた．

本節では，少し視点を変えて，考えている系の運動を具体的に解くのではなく，その現象を支配している各種の量を大まかにとらえる方法を議論しよう．そのヒントは物理量の次元を考えることにある．以下，MKSA 単位系で考える．MKSA 系の基本単位は

- 長さ：L
- 時間：T
- 質量：M

- 電流：A

の 4 つからなる．このとき，例えば，速さの次元は $[v] = LT^{-1}$，角運動量の次元は $[l] = ML^2T^{-1}$ である．

[例] 調和振動子

すでに何度も出てきたが，調和振動子の運動方程式は

$$m\ddot{x} = -kx \tag{5.167}$$

である．この系を特徴づける量は，m と k しかない．それぞれの次元は，$[k] = MT^{-2}$ および $[m] = M$ であるので，周期に関わる量はユニークに $\sqrt{m/k}$ で与えられることがわかる．また，この運動方程式からは長さに関わる固有の量が導けないこともわかる．これは，調和振動子の振幅は振動子に固有ではなく，初期条件に依存するというすでによく知っている事実を反映している．ここでさらに振幅を x_0 として与えると，新たに $[x_0] = L$ が加わるので，次元を考察するだけで，例えば，エネルギーに関わる量が，kx_0^2 であることが導かれる．

[例] クーロン力のもとでの運動方程式は，

$$m\ddot{\boldsymbol{r}} = -\frac{q_1 q_2}{4\pi\epsilon_0 r^2}\frac{\boldsymbol{r}}{r} \tag{5.168}$$

である．ここに現れる各種物理量の次元をまとめると，

- $[m] = M$
- $[q] = AT$
- $[\epsilon_0] = M^{-1}L^{-3}T^4A^2$

となる．これからただちに，長さや時間に関わる量が，m, q 等の系に固有の物理量や物理定数 ϵ_0 だけでは決まらないことがわかる．そこで，質点の運動範囲を a の程度であると指定すると，今度は時間に関わる量を評価することができて $\sqrt{ma^3\epsilon_0/q^2}$ となる．例えば，水素原子を考えよう．$a \sim 0.1\,\mathrm{nm}$ であることを知っていると，電子の質量が $9.1 \times 10^{-31}\,\mathrm{kg}$ であることから，その周回周期はほぼ $\sim 1 \times 10^{-17}\,\mathrm{s}$ と評価できる．これは水素原子に特徴的な時間（必ずしも周回周期ではないが）$2.4 \times 10^{-17}\,\mathrm{s}$ にほぼ等しい．

もう少し一般化して力が，

$$\alpha r^n \tag{5.169}$$

で与えられる場合を考えよう．このとき α の次元は，

$$ML^{1-n}T^{-2} \tag{5.170}$$

である．したがって，$L^{1-n}T^{-2}$ がなんらかの意味で系に固有の量となることがわかる．すでに知っているように，$n=1$ のとき，振動数に関わる量が $n=-2$ なら，上で述べたクーロン力や 6.4 節で説明するケプラーの第 3 法則に関わる次元をもった量が重要な意味をもつ．

高学年になってから量子力学を学ぶようになると，プランク定数という物理定数にお目にかかるようになる．これは，電子の質量，光速と同様，基本的な物理定数の1つで，$h = 6.63 \times 10^{-34}$ J·s で与えられる．まず，プランク定数の次元 (ML^2T^{-1}) に注目しよう．この量は前節で議論した断熱不変量と同じ作用の次元をもっている．作用の次元をもつ量は，エネルギーと時間の積，運動量と位置の積，あるいは，角運動量と角度（無次元）の積，等である．このような物理量の間の積が定数になるということは，それらの物理量がなんらかの意味で互いに独立ではないということを示唆している．実際，量子力学は，一方の量（例えば位置）を精度良く決めると，相棒の量（運動量）はほとんど決まらないという，不確定性関係のあることを主張している．このため，ある系のエネルギーを精度良く決めるためには，これを長い時間かけて観測しなければならないといったこともわかる．量子力学の立場からは，$h \to 0$ の極限が，本書で扱っている古典力学の世界を表現するということになる．

［例］ 一様な磁場中での荷電粒子の運動

電荷 q，質量 m の荷電粒子が，磁束密度 B の中を運動している場合を考えよう．それぞれの次元は，
- $[q] = AT$
- $[m] = M$
- $[B] = MT^{-2}A^{-1}$

となる．磁場 B の次元は，例えば，ローレンツ力 $f = qvB$ から求めればよ

い．さて，上の量を組み合せると，荷電粒子の運動状態に依存しない時間の逆数の次元をもった量 qB/m を導くことができる．これはすでに知っているサイクロトロン運動の角振動数である．質点の速さ v を与えると，長さの次元をもった量 mv/qB を導くことができる．これはサイクロトロン半径である．以上，5.1.3 項の問題で直角座標系を用いて得た結果と見比べてみよう．この考え方の有効性が確認できるだろう．

もう少し複雑な系を扱ってみよう．

[例] 摩擦があり強制振動させられている調和振動子

運動方程式は，

$$m\ddot{x} + \gamma\dot{x} + kx = f\exp(i\omega_0 t) \qquad (5.171)$$

であった．関与している物理量の次元を書き出してみると，

- $[m] = M$
- $[\gamma] = MT^{-1}$
- $[k] = MT^{-2}$
- $[f] = MLT^{-2}$
- $[\omega_0] = T^{-1}$

となる．ここから，例えば，長さの次元をもつ量を導き出してみよう．調和振動子の場合と違って，いくつかつくることができて，

- $f/m\omega^2$
- $f/\gamma\omega$
- mf/γ^2
- f/k

となる．さて，これがそれぞれどんな意味をもつかを考えてみよう．3.5 節の結果を参考にするといろいろなことがわかるだろう．

もう 1 つ，簡単で，重要なことに注意しよう．一般に，テイラー展開によって異なるべき指数をもった項が複数個混じるような関数の引数は，それらが互いに同じ次元をもつ必要があることから，無次元でなければならない（例えば，$\sin(\omega t)$ の ωt）．

このように，次元でものを考えることは大変重要で，扱っている系に特徴的

5.5 次元による物理量の推定

な物理量を大まかに評価することができるようになる．

問題 5.7 振り子の振動数を次元解析で予想してみよう．やはり，振幅は系に固有の量ではないことも確かめること． □

問題 5.8 一様重力のもとで落下する雨粒に速さに比例した摩擦力が働いている．最終速度はいくらになるか予想せよ． □

[解] 運動方程式は，

$$m\ddot{z} = -mg - \gamma \dot{z} \tag{5.172}$$

である．系に固有の量は，式 (5.172) に現れる

- $[m] = M$
- $[g] = LT^{-2}$
- $[\gamma] = MT^{-1}$

で決まる．したがって，これを組み合せてつくることのできる速さの次元をもった量 mg/γ は，最終速度を与えると推測される．

もちろん次元解析だけですべてがわかるわけではない．例えば，上の例で，$(m/\gamma)^2 g$ は長さの次元をもっているが，雨粒は地面にたどり着くまでは，ひたすら落下するだけで，雨粒の移動距離等，系を直接特徴づける長さが存在するわけではない．この量がどんな意味をもっているかは，3.2 節の解を参考に考えてみよう． ■

6

中心力のもとでの運動

3次元空間内において,位置ベクトル r に沿って働く力,

$$f = f_r(r)\frac{r}{r} = f_r(r)e_r, \tag{6.1}$$

を中心力とよぶ.中心力は自然界で一般にみられる「普通」の力で,クーロン力,万有引力,等は中心力である.以下では,中心力が働いているとき引き起こされる運動がどのような特徴をもっているかを考えよう.これは,われわれが自然現象を理解するとき,その基礎を提供する重要な研究対象となる.

6.1 角運動量保存則

再び,運動方程式から始めよう.

$$m\ddot{r} = f \tag{6.2}$$

である.これと r との外積をとると,

$$r \times m\ddot{r} = r \times f \tag{6.3}$$

となる.ところで,

$$\frac{d(r \times \dot{r})}{dt} = r \times \ddot{r} \tag{6.4}$$

であるので,$l = r \times mv = r \times p$ で角運動量を定義すると,

$$\frac{dl}{dt} = r \times f \tag{6.5}$$

が得られる.ここで $r \times f$ を力のモーメントとよぶ.すなわち,角運動量は,力のモーメントに従って変化する.

6.1 角運動量保存則

さて，中心力が働いている場合の運動方程式は，

$$m\ddot{\bm{r}} = f_r \bm{e}_r \tag{6.6}$$

である．したがって，$\bm{r} \times f_r \bm{e}_r = 0$ となるので，f_r の具体的な形には関係なく，

$$\frac{d\bm{l}}{dt} = 0 \tag{6.7}$$

が得られる．すなわち，中心力の下で運動する質点の角運動量は保存される．

角運動量の定義から $\bm{l} \perp \bm{r}$，また，$\bm{l} \perp \bm{p} \parallel \dot{\bm{r}}$，したがって，$\Delta \bm{r} = \dot{\bm{r}} \Delta t \perp \bm{l}$ である．すなわち，$\bm{r}(t + \Delta t) \perp \bm{l}$ がつねに成り立つので，中心力のもとでの運動は $\bm{l}$ に垂直な面内に限られる．そこで，$\bm{l} \parallel \bm{e}_3$ ととり，角運動量を極座標を用いて書き表すと，

$$\bm{l} = mr^2 \dot{\phi} \bm{e}_3 \tag{6.8}$$

が得られる．すなわち，$|mr^2 \dot{\phi}|$ は角運動量の大きさを与える．

さて，式 (5.52)～(5.54) より，中心力（$f_\theta = f_\phi = 0$）に対する極座標表示での運動方程式は，

$$\frac{d(mv_r)}{dt} = f_r + m\frac{v_\theta^2 + v_\phi^2}{r} \tag{6.9}$$

$$\frac{d(mv_\theta r)}{dt} = r\left(\frac{mv_\phi^2}{r\sin\theta}\cos\theta\right) \tag{6.10}$$

$$\frac{d(mv_\phi r \sin\theta)}{dt} = 0 \tag{6.11}$$

で与えられる．ここで，上と同様，$\bm{l} \parallel \bm{e}_3$ と角運動量ベクトルの向きを決めると，運動は $\theta = \pi/2$ の面内に限られ，したがって，$v_\theta = 0$ であるので，

$$\frac{d(mv_r)}{dt} = f_r + m\frac{v_\phi^2}{r} \tag{6.12}$$

$$\frac{d(mv_\phi r)}{dt} = 0 \tag{6.13}$$

が得られる．式 (6.13) は，上で議論した角運動量保存則そのものである．

角運動量の物理的意味を別の視点から眺めてみよう．図 6.1 のように，時刻

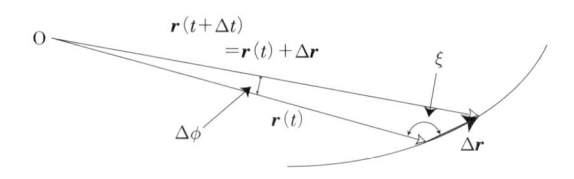

図 6.1 質点の運動と面積速度の関係

t において位置 $r(t)$ にあった質点が，時刻 $t+\Delta t$ に $r(t+\Delta t)(=r+\Delta r)$ まで移動したとする．このとき，$r(t)$ と $r(t+\Delta t)$ で囲まれる三角形の面積 ΔS は

$$\Delta S = \frac{1}{2}r(t)\Delta r \sin\xi = \frac{1}{2}|r \times \Delta r| = \frac{1}{2}\left|r \times \frac{p}{m}\right|\Delta t \qquad (6.14)$$

である．したがって，

$$\frac{dS}{dt} = \frac{1}{2}\left|r \times \frac{p}{m}\right| = \frac{1}{2}\frac{|l|}{m} \qquad (6.15)$$

と書き換えることができる．ここで，dS/dt は，単位時間あたりに質点の軌跡によって囲まれる面積で，面積速度とよばれる．式 (6.15) は面積速度が角運動量に比例し，したがって，働いている力が中心力であるとき，保存することを示している．実際，ケプラーは，天体の運動に関する有名な3つの法則の第2番目に，惑星は面積速度が一定になるように運動することをあげている（ケプラーが『新天文学』(1609 年) において彼の第2法則を説明するのに用いた図を次ページに示す）．ニュートン力学を知っているわれわれからみると，この面積速度一定の法則（ケプラーの第2法則）は角運動量保存則に対応し，したがって，なにも惑星運動を支配している万有引力に固有な現象ではなく，中心力のもとで成り立つより普遍的な法則であることがわかる[1]．

さて，式 (6.12) に式 (6.8) を代入すると，

---

[1] ここには，実験の精度と法則を見出すことの興味深い関係がみられる．実際，惑星運動の観測精度がはじめから高すぎると，太陽系が多数の惑星からできているためケプラーの法則は厳密には成り立たない．すなわち，近似的にものをみて，規則性・法則性を見出すことが大切であることがわかる．大まかな枠組みが見出されるとこれを形式的に整えて見出した法則の普遍性，定量的厳密性をさらに議論できるようになるが，枠組みのわかっていない対象にはじめから過度の厳密性を求めると何もわからない．これを反映してか，対象としている研究分野の成熟度によって，現象を説明する際の要求精度と満足度に大きな違いがあって，大変興味深い．

6.1 角運動量保存則

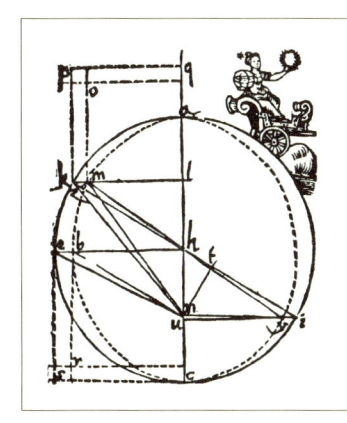

ケプラーの第 2 法則

太陽が楕円（点線で示した曲線）の焦点 n にあり，火星が m にあると，第 2 法則によって，半径 nm は，等しい時間に等しい面積をおおう．(『新天文学（1609年）』，図説科学技術の歴史（下）（平田 寛著，朝倉書店（1985 年））より))

$$m\ddot{r} = f_r + l^2/mr^3 \equiv f^* \tag{6.16}$$

が得られる．これは，中心力の下での質点の動径方向の運動は，力を f_r から $f_r + l^2/mr^3$ に置き換えれば，1次元の運動として扱えることを示している．

動径方向の運動 $r(t)$ がわかると，角運動量が保存することから，

$$\frac{d\phi}{dt} = \frac{l}{mr^2} \tag{6.17}$$

を解くことにより，角度 ϕ の時刻依存性も導くことができる．

問題 6.1 図 6.2 のように，まん中に穴の空いた平板が水平におかれている．この穴に糸を通し，先に質量 m の質点をくくりつけて半径 r，角速度 ω で回転させ，一方には質量 M の質点をくくりつけて手を離したところ，質点 M はゆっくりと上下に振動した．振動の振幅が小さい場合に，その振動数を求めよ． □

[解] 質点 M は，重力により $-Mg$ の，また，質点 m が回転運動をしているための遠心力により mv^2/r の力を受けている．ひもの全長を r_0，鉛直下向きに z 軸をとると，

$$r + z = r_0 \tag{6.18}$$

である．したがって，質点 M，および m がみたすべき運動方程式は，それぞれ，

$$M\ddot{z} = M\frac{d^2(r_0 - r)}{dt^2} = Mg - T \tag{6.19}$$

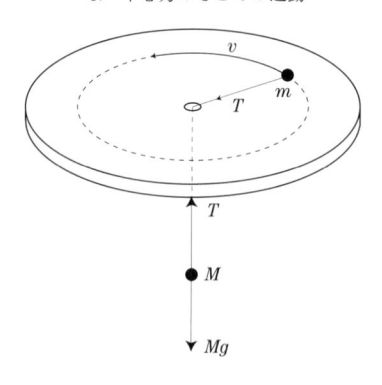

図 6.2

$$mr\ddot{} = m\frac{v^2}{r} - T \tag{6.20}$$

となる．ここで張力を T とおいた．式 (6.19) と (6.20) から T を消去すると

$$(m+M)\ddot{r} = -Mg + m\frac{v^2}{r} \tag{6.21}$$

が得られる．回転している質量 m の質点に働いている力はひもに沿った束縛力と遠心力のみで，ともに中心力である．したがって，角運動量は保存する．これを，

$$mvr = l \tag{6.22}$$

とおき，式 (6.21) に代入すると，

$$(m+M)\ddot{r} = -Mg + \frac{l^2}{mr^3} \tag{6.23}$$

となる．平衡点 r_1 は，

$$r_1 = \left(\frac{l^2}{mMg}\right)^{1/3} \tag{6.24}$$

と求められるので，式 (6.23) を平衡点付近でテイラー展開し，平衡点からのずれ，$\Delta r = r - r_1$ が小さい場合についての微分方程式を書き下すと，

$$\frac{d^2 \Delta r}{dt^2} = -\frac{3Mg}{(m+M)r_1} \Delta r \tag{6.25}$$

となる．したがって，この系は角振動数 $\sqrt{3Mg/(M+m)r_1}$ で単振動するこ

とがわかる. ■

6.2 等価 1 次元ポテンシャルエネルギー

次に中心力のポテンシャルエネルギーを考えよう. $r = |\boldsymbol{r}|$ を引数にもつ任意の関数 $U(r)$ について,

$$-\boldsymbol{\nabla} U(r) = -\frac{dU}{dr}\boldsymbol{\nabla} r = -\frac{dU}{dr}\frac{\boldsymbol{r}}{r} \tag{6.26}$$

であるので, $U(r)$ は

$$f_r(r) = -\frac{dU}{dr} \tag{6.27}$$

であるような中心力のポテンシャルエネルギーであることがわかる.

したがって, 質量 m と M の 2 つ質点の間に働く万有引力,

$$-\frac{GmM}{r^2}\boldsymbol{e}_r \tag{6.28}$$

に対応するポテンシャルエネルギーは

$$-\frac{GmM}{r} \tag{6.29}$$

である. ここで, G は万有引力定数とよばれ,

$$G = 6.6726 \times 10^{-11} \frac{\mathrm{m}^3}{\mathrm{s}^2 \cdot \mathrm{kg}} \tag{6.30}$$

で与えられる. 同様にして, それぞれ q および Q の電荷をもつ 2 つの質点の間に働くクーロン力に対応するポテンシャルエネルギーは

$$\frac{qQ}{4\pi\epsilon_0 r} \tag{6.31}$$

である. ここで, ϵ_0 は真空の誘電率で,

$$\epsilon_0 = 8.8543 \times 10^{-12} \frac{\mathrm{A}^2 \cdot \mathrm{s}^2}{\mathrm{N} \cdot \mathrm{m}^2} \tag{6.32}$$

で与えられる. 陽子, 中性子などの核子間には, 中間子を介在して核力が働く. そのポテンシャルエネルギーは

$$\frac{\kappa \exp(-r/a)}{r} \tag{6.33}$$

で与えられる．これは中間子論の提唱者であるユカワにちなんで，湯川ポテンシャルとよばれている．荷電粒子と原子の間のポテンシャルエネルギーも近似的に式 (6.33) で表すことがある．

問題 6.2 湯川型ポテンシャルエネルギーに対応する力を求めよ． □

ところで，運動が $\theta = \pi/2$ で表される平面内にあるとき，すなわち，角運動量ベクトルが極軸と平行なとき，力学的エネルギーは，式 (5.46)〜(5.48) で $\theta = \pi/2$ とおき，式 (5.115) に代入し，$l = mr^2\dot\phi$（式 (6.8)）を用いることによって，

$$\begin{aligned} E &= \frac{1}{2}m\dot r^2 + \frac{1}{2}mr^2\dot\phi^2 + U = \frac{1}{2}m\dot r^2 + \frac{1}{2}\frac{l^2}{mr^2} + U \\ &= \frac{1}{2}m\dot r^2 + U^* \end{aligned} \tag{6.34}$$

で与えられる．この $U^* = U + l^2/2mr^2$ を等価 1 次元ポテンシャルエネルギーとよぶ．すなわち，3 次元空間で中心力が働いている場合の力学的エネルギーは，ポテンシャルエネルギーを等価ポテンシャルエネルギーで置き換えると，1 次元の力学的エネルギーと同じ形になる．角運動量 l が 0 でないかぎり，等価 1 次元ポテンシャルの第 2 項は原点付近で r^{-2} に比例して発散する．したがって，U が r^{-2}，あるいは，それより強く引力的に発散しないかぎり，質点が原点に達することはない．U^* を模式的に示すと図 6.3 のようになる．このとき，力学的エネルギー E をもつ粒子の可動範囲は，$U^*(r) \leq E$ から求められる．

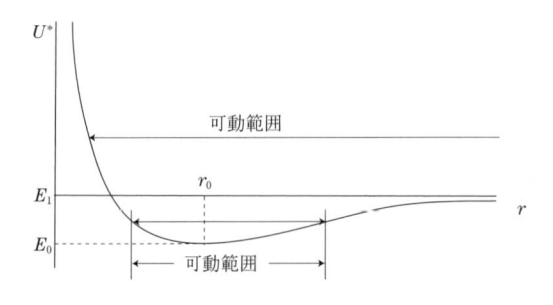

図 **6.3** 等価 1 次元ポテンシャルエネルギー

すなわち $E = E_0$ では，質点は $r = r_0$ に固定され，したがって，円運動をしている．$E_0 < E < E_1$ では質点は動径方向にも動けるようになるが，可動範囲は有限で原子の中の電子や太陽の周りを回る地球のように束縛された状態にある．一方 $E > E_1$ になると，周期性のない彗星のように無限遠のかなたから飛び来たってある程度近づいた後また無限のかなたへ飛び去るようになる．これは粒子の散乱状態，あるいは，分子が乖離していく過程，原子が電子を放出する電離過程等に対応する．

問題 6.3 式 (6.16) から出発し，エネルギー保存則，式 (6.34) を導け． □

[解] 式 (6.16) の両辺に $\dot{r}$ を掛けると，左辺，および，右辺はそれぞれ，

$$m\ddot{r}\dot{r} = \frac{d}{dt}\left(\frac{1}{2}mv^2\right) \tag{6.35}$$

$$f_r\dot{r} + \frac{l^2}{mr^3}\dot{r} = -\frac{\partial U}{\partial r}\dot{r} - \frac{d}{dt}\left(\frac{1}{2}\frac{l^2}{mr^2}\right) = -\frac{d}{dt}\left(U + \frac{1}{2}\frac{l^2}{mr^2}\right) \tag{6.36}$$

となる．したがって，両辺を時刻 t について積分し，積分定数を E とおくと，

$$E = \frac{1}{2}m\dot{r}^2 + \frac{1}{2}\frac{l^2}{mr^2} + U \tag{6.37}$$

として式 (6.34) が得られた． ∎

式 (6.34) を $\dot{r}$ について解くと，

$$\dot{r} = \pm\sqrt{\frac{2(E - U^*)}{m}} \tag{6.38}$$

となる．したがって，時刻 t における質点の位置は，

$$t - t_0 = \pm\int dr\sqrt{\frac{m}{2(E - U^*(r))}} \tag{6.39}$$

と形式的には得ることができる．ここで左辺は時間差であるから，必ず実数でなければならない．これは上で述べた可動区間，$E - U^* \geq 0$ の領域で物理的に意味のある解が存在することに対応している．力学的エネルギーを用いると，質点の動径方向の可動区間をただちに評価することができる．これは，1 次元運動の場合と同様である．

図 6.3 で U^* が極小値をとる点を r_0 とすると，$dU^*(r_0)/dr = 0$ であるので[*2)]，U^* を r_0 の周りでテイラー展開すると，

$$U^*(r) \sim U^*(r_0) + \frac{1}{2}\frac{d^2U^*(r_0)}{dr^2}(r-r_0)^2 \tag{6.40}$$

となる．したがって，式 (6.40) において，$d^2U^*(r_0)/dr^2 > 0$ なら安定な平衡，$d^2U^*(r_0)/dr^2 < 0$ なら不安定な平衡で，それぞれ図 3.6 でみた振り子と立てられたフットボールの場合がこれらに対応する．平衡点付近のポテンシャルエネルギーが調和振動子の形をしていることから，質点は，動径方向について角振動数

$$\omega_r = \sqrt{\frac{d^2U^*(r_0)/dr^2}{m}} \tag{6.41}$$

の単振動をすることがわかる．

このような引力的相互作用に対する等価 1 次元ポテンシャルはかなり多くの系で共通した特徴をもっている．例えば，原子の場合を考えると，電子はクーロン力により原子核に束縛されているが，角運動量が一定であることに由来する r^{-2} に比例する遠心力のため原点に近づけず，また，分子では，遠方では原子間引力が働き，近づくと原子核同士の斥力が働くといった事情のため，いずれの場合もポテンシャルに極小値をもつ．このため，平衡点付近では原子も分子も大変似た振舞いをする．もちろん電子の角運動量が 0 である場合にはこの議論は成り立たない．

6.3　中心力のもとでの質点の軌跡

エネルギーという概念を導入し，中心力のもとでの質点の運動を解き，質点位置の時間的経過を求めた．しかし考えている問題の性質によっては，時間経過ではなく，結果としての軌跡に興味のある場合も多い．本節ではそのような軌跡の求め方を考えてみよう．そのために，力学的エネルギーの式 (6.34) に含まれる時刻 t に関する微分を，方位角 ϕ に関する微分に書き直すことにする．

[*2)] この記号の意味は，$U^*(r)$ を r で微分した後，r に r_0 を代入することである．

時刻に関する微分が

$$\frac{d}{dt} = \frac{d\phi}{dt}\frac{d}{d\phi} = \frac{l}{mr^2}\frac{d}{d\phi} \tag{6.42}$$

と変数変換できることを用いると，力学的エネルギーは，

$$E = \frac{1}{2}m\left(\frac{dr}{d\phi}\right)^2\frac{l^2}{m^2r^4} + \frac{1}{2}\frac{l^2}{mr^2} + U(r) \tag{6.43}$$

となる．式 (6.39) と同様，これを形式的に ϕ について解くのは簡単である．

さて，$r = u^{-1}(>0)$ とおいて式 (6.43) をもう一度書き直すと，

$$E = \frac{1}{2}\frac{l^2}{m}\left(\frac{du}{d\phi}\right)^2 + \frac{1}{2}\frac{l^2}{m}u^2 + U(u^{-1}) \tag{6.44}$$

が得られる．E は時刻 t によらず，したがってまた，t の関数である ϕ にも依存しない．すなわち，E を ϕ について微分し，$du/d\phi$ が共通項として含まれることに注意すると，

$$\frac{d^2u}{d\phi^2} + u = -\frac{m}{l^2}\frac{dU}{du} \tag{6.45}$$

が得られる．このように u の ϕ に関する微分方程式は大変特徴的な形をしており，例えば，$U \propto u$ あるいは $U \propto u^2$ のとき，解析的に扱うことができる．前者は万有引力，クーロン力に関わり重要な例であるので，6.4 節で丁寧に議論することにして，ここでは，後者の場合を

$$U = \frac{1}{2}\alpha u^2 \tag{6.46}$$

とおいて，簡単に考察してみよう．このとき，式 (6.44) は，

$$E = \frac{1}{2}\frac{l^2}{m}\left(\frac{du}{d\phi}\right)^2 + \frac{1}{2}\left(\frac{l^2}{m} + \alpha\right)u^2 = \frac{1}{2}\frac{l^2}{m}\left(\frac{du}{d\phi}\right)^2 + U^*(u) \tag{6.47}$$

と書ける．したがって，$l^2/m + \alpha > 0$ なら，図 6.4 (a) のように，u の値域は $E \geq \frac{1}{2}(l^2/m + \alpha)u^2$ をみたす有限の値をとり，u は ϕ を引数とする正弦関数になる．一方，$l^2/m + \alpha < 0$ なら，図 6.4 (b) のように，$E \geq 0$ であれば，u は正のすべての値をとり，$E < 0$ であれば，$E > \frac{1}{2}(l^2/m + \alpha)u^2$ が値域を与え，u は ϕ を引数とする双曲線関数になる．

したがって，実際の質点の軌跡 $r(\phi) = u(\phi)^{-1}$ は，

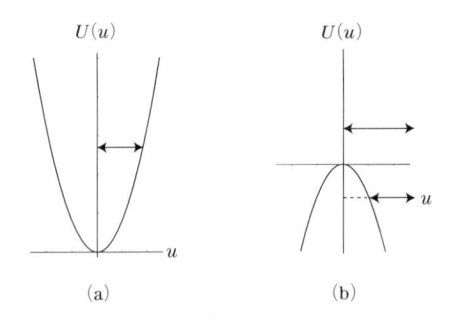

図 6.4 逆 2 乗ポテンシャルによる質点の運動. (a) $\alpha < -l^2/m$, (b) $0 > \alpha > -l^2/m$

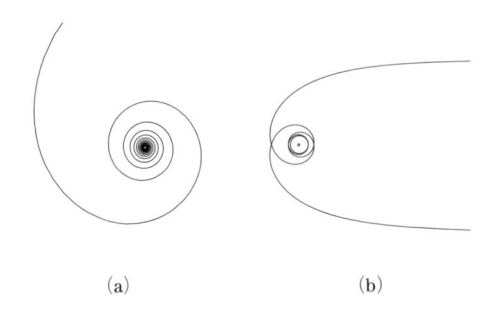

図 6.5 逆 2 乗ポテンシャルによる質点の軌跡の例. (a) $\alpha < -l^2/m$, (b) $\alpha > -l^2/m$

- $\alpha < -l^2/m$, すなわち, U が比較的強い引力的相互作用で, これが遠心力を上回る場合:

$$r = r_0 \sinh^{-1}\left(\pm\sqrt{1 + \frac{\alpha m}{l^2}}\phi + \delta\right) \quad (6.48)$$

となって, 質点は原点の周りを周回しながら次第に原点に落下していく, あるいは, 次第に無限遠方に遠ざかっていく不安定な束縛軌道になる. 図 6.5 (a) に軌道の例を示した.

- $\alpha = -l^2/m$ の場合: $u = a\phi + b$. すなわち, $r = 1/(a\phi + b)$ で, やはり, 原点の周りを周回しながら次第に原点に落下する, あるいは, 逆に次第に無限遠方に遠ざかり, $\phi \to -b/a$ で無限遠方に達する.

- $\alpha > -l^2/m$, すなわち, 相互作用が遠心力より弱い, あるいは, 斥力的で

ある場合：u については束縛運動となっているので，これを r に関して書くと，

$$r = r_0 \sin^{-1}\left(\sqrt{1+\frac{\alpha m}{l^2}}\phi + \delta\right) \qquad (6.49)$$

となる．すなわち，軌道は

$$\sqrt{1+\frac{\alpha m}{l^2}}\phi + \delta = n\pi \qquad (6.50)$$

をみたす ϕ の値で，無限遠に至る．図 6.5 (b) に軌道の例を示したように，無限遠から近づいた粒子は何度か周回した後，再び無限遠に遠ざかることになる．

6.3.1 平衡点周りの軌跡

さて，粒子が中心力に束縛され周回運動をしており，動径方向は平衡点付近から大きくはずれていない場合の軌跡を考えよう．ポテンシャルエネルギーを

$$U(r) = \kappa r^a \qquad (6.51)$$

とし，角運動量を l とすれば，式 (6.51) の等価 1 次元ポテンシャル $U^*(r)$ は，

$$U^*(r) = \kappa r^a + \frac{1}{2}\frac{l^2}{mr^2} \qquad (6.52)$$

である．したがって，平衡点 r_0 は，$\kappa a > 0$ のとき（すなわち，U^* が極値をもつとき）のみ存在し，

$$r_0 = \left(\frac{l^2}{m\kappa a}\right)^{\frac{1}{a+2}} \qquad (6.53)$$

となる．また，等価 1 次元ポテンシャルを平衡点付近で展開すると，

$$U^*(r) \sim U^*(r_0) + \frac{1}{2}\frac{d^2 U^*}{dr_0^2}(r-r_0)^2 = \frac{1}{2}\frac{l^2(a+2)}{mar_0^2} + \frac{1}{2}\frac{l^2(a+2)}{mr_0^4}(r-r_0)^2 \qquad (6.54)$$

となる．したがって，安定な平衡点があるためには $a > -2$ でなければならない．このとき，動径方向の角振動数は

$$\omega = \frac{l\sqrt{a+2}}{mr_0^2} \tag{6.55}$$

である．ここでは平衡点付近の運動を考えているので，ほぼ $r \sim r_0$ である．したがって，周回の角振動数 Ω は，

$$\Omega = \frac{l}{mr_0^2} \tag{6.56}$$

としてよいであろう．ところで，ω と Ω の比が有理数の場合，すなわち，p と q を整数として，

$$p\frac{l}{mr_0^2} = q\frac{l\sqrt{a+2}}{mr_0^2} \tag{6.57}$$

の場合，軌道が閉じる．すなわち

$$p^2 = (a+2)q^2 \tag{6.58}$$

のとき，閉じた軌道をとる．これからわかるように軌道が閉じるかは角運動量の大きさによらない．

例えば，クーロン力や万有引力 ($a = -1$) のとき，動径方向の振動数と方位角方向の振動数は互いに一致している．また，調和振動子 ($a = 2$) のとき，動径方向は方位角方向の倍の振動数で運動する．この辺の事情は模式的には図 6.6 (a), (b) のように表すことができるであろう (6.4 節参照)．ほかにも，$a = -7/4, 7$ 等の場合，軌道の閉じることがわかる．

問題 6.4 図 6.7 のように自然長 r_0，バネ定数 k のバネの先端に質量 m の質点を結びつけ，これをよく滑る円筒に入れ，長さを固定して角速度 ω で回転させた．その後質点の固定を外し，円筒に沿って自由に運動できるようにした．固定を外した後の運動がどうなるかを

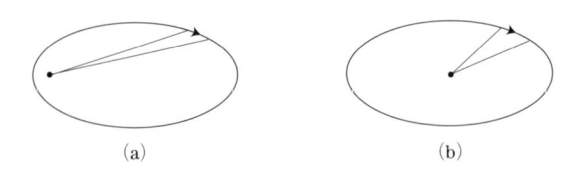

図 6.6 (a) $a = -1$，および，(b) $a = 2$ のときの運動の模式図

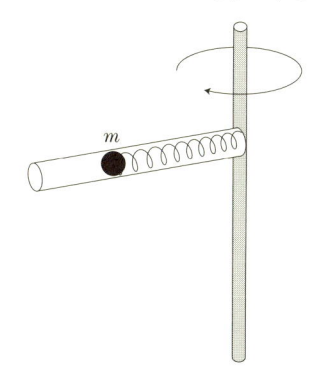

6.3 中心力のもとでの質点の軌跡

図 6.7 回転する円筒の中で，バネにつながれた質量 m の質点の運動

- (a) 角速度一定で回すとき，
- (b) 自由に回転させるとき，すなわち，角運動量が一定のとき，

について考えてみよう． □

[解] 質点の従う運動方程式は，

$$m\frac{d^2r}{dt^2} = -k(r-r_0) + mr\omega^2 \tag{6.59}$$

である．いずれの場合も，ある種の振動をすることは容易に想像がつく．そこで，その平衡点を (a) および (b) の場合について，r_a, r_b とおこう．

- (a) の場合：$r = r_a + \Delta r$ を式 (6.59) に代入すると，

$$m\frac{d^2\Delta r}{dt^2} = -(k - m\omega^2)\Delta r + (m\omega^2 - k)r_a + kr_0 \tag{6.60}$$

となる．したがって平衡点は，

$$r_a = \frac{kr_0}{k - m\omega^2} \tag{6.61}$$

である．このとき，$k - m\omega^2 > 0$ なら単振動をし，その角振動数 Ω_a は

$$\Omega_a = \sqrt{\omega_0^2 - \omega^2} \tag{6.62}$$

で与えられる．ここで $\omega_0 = \sqrt{k/m}$ とおいた．このように回転しているバネの振動数は，回転数が増えるに従ってゆっくりとなり，$\omega = \omega_0$ に達すると振動せず，$\omega > \omega_0$ では単調に延びることになる．

● (b) の場合：角運動量 $l = mr^2\omega$ が一定である．したがって，式 (6.59) は，

$$m\frac{d^2r}{dt^2} = -k(r - r_0) + \frac{l^2}{mr^3} = f \tag{6.63}$$

となる．このとき，$r \to \infty$ で，必ず $f < 0$ となるので，(a) の場合と異なり，l が大きくなっても，バネが伸び続けるということはない．そこで，平衡点のバネの長さを ρ_b とおき，f を ρ_b の周りで展開すると，

$$f = -k\left(4 - \frac{3r_0}{\rho_b}\right)(r - \rho_b) \tag{6.64}$$

が得られる．すなわち，動径方向は角振動数

$$\Omega_b = \omega_0 \sqrt{4 - \frac{3r_0}{\rho_b}} \tag{6.65}$$

で振動する．■

6.3.2 球面振り子

図 6.8 のように，天井から長さ a の伸びない紐で質量 m の重りをぶら下げると，重りは半径 a の球面上で運動する．これを球面振り子とよぶ．質点に外部から働いている力は，重力および張力である．張力は中心力であるが，重力は一定の方向を向いており，全体として働いている力は中心力ではない．しかし，重力と垂直の平面内に働いている力はつねに振り子の固定点の方向を向いており，面内では中心力であることに注意しよう．まず，極座標を図 6.8 のよ

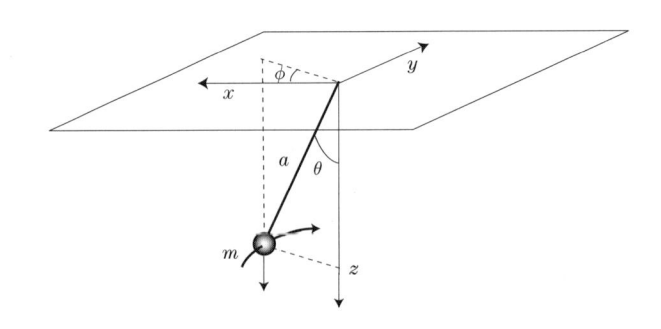

図 **6.8** 球面振り子

うにとって重りのもつ力学的エネルギーを書き下すと，最下点で 0 として，

$$E = \frac{1}{2}m((a\dot\theta)^2 + (a\sin\theta\dot\phi)^2) - mga(\cos\theta - 1) \tag{6.66}$$

となる．さて，ϕ 方向には力が働いていないので，式 (5.54) より，l_z を定数として，

$$l_z = m(a\sin\theta)^2\dot\phi \tag{6.67}$$

と書いておこう．すると，式 (6.66) は，

$$E = \frac{1}{2}ma^2\dot\theta^2 - mga(\cos\theta - 1) + \frac{1}{2}\frac{l_z^2}{ma^2\sin^2\theta} \tag{6.68}$$

となる．この有効ポテンシャルエネルギーに対応する部分

$$U^*(\theta) = -mga(\cos\theta - 1) + \frac{1}{2}\frac{l_z^2}{ma^2}\sin^{-2}\theta \tag{6.69}$$

を振れ角 θ の関数としてプロットすると，図 6.9 のようになる．力学的エネルギー E を与えると，θ の値域が決まるのは，中心力の場合と同様である．θ が 0，あるいは π に近づくと $U^*(\theta)$ は急激に増大している．これは ϕ 方向の角運動量が保存するため θ は 0 や π に近づけないことに対応している．

さて，球面振り子の振舞いをもう少し詳しく知るため，力学的エネルギーが $U^*(\theta)$ の極小値付近にあるとして，近似的に考察してみよう．式 (6.69) の極小

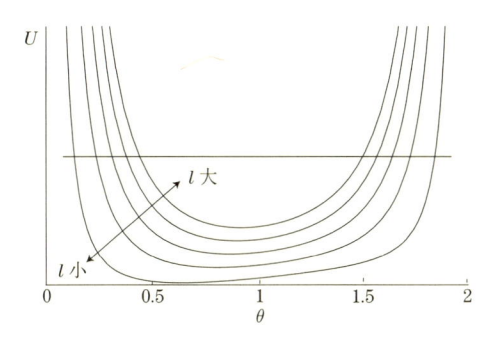

図 **6.9** 球面振り子のポテンシャルエネルギーの例．角運動量が増すにつれて振れ角 θ が $\sim \pi/2$ 付近に集まるようになる．

値を与える角度を θ_0 として，これを展開すると，

$$U^*(\theta) \sim \frac{1}{2}ma^2\left\{\Delta\dot{\theta}^2 + \frac{l_z^2(4-3\sin^2\theta_0)}{m^2a^4\sin^4\theta_0}\Delta\theta^2\right\}$$
$$+ mga(1-\cos\theta_0) + \frac{l_z^2}{2ma^2\sin^2\theta_0} \qquad (6.70)$$

となる．ただし，$\Delta\theta = \theta - \theta_0$ とおいた．したがって，θ_0 を中心とする θ 方向の角振動数 ω_θ と ϕ 方向の角振動数 ω_ϕ はそれぞれ，

$$\omega_\theta \sim \frac{l_z}{ma^2\sin^2\theta_0}\sqrt{4-3\sin^2\theta_0} \qquad (6.71)$$

$$\omega_\phi = \dot{\phi} \sim \frac{l_z}{ma^2\sin^2\theta_0} \qquad (6.72)$$

となる．$\theta_0 \ll 1$ のとき，$\omega_\theta \sim 2\omega_\phi$ となって，ϕ 方向に 1 周する間に θ 方向は二度極大・極小を迎えることになる．$\sin\theta_0$ が有限の大きさをもつようになると $\omega_\theta < 2\omega_\phi$ となるので，運動はなお楕円に近いが，楕円の軸はよけいに回転するようになる．さらに θ_0 が大きくなって $\pi/2$ に近づくと，$\omega_\theta \sim \omega_\phi$ となって，両者の角振動数は一致する．これは，回転が激しくなった場合に対応している．容易に想像されるように，そのような場合，重力の影響は小さくなり，振り子の運動は次第に平面内に限られるようになる．

上のように $\sin\theta_0 < 1$，$\Delta\theta \ll 1$ といった条件を課さないとき，運動はもっと複雑になる．適当な初期条件のもとで式 (6.68)，(6.67) を数値積分して得た球面振り子の軌跡の例を図 6.10 に示す．

問題 6.5 球面振り子で振れ角 θ が一定になる条件を求めよ． □

[解] 図 6.9 において，力学的エネルギーが $U^*(\theta)$ の最低値であれば θ は固

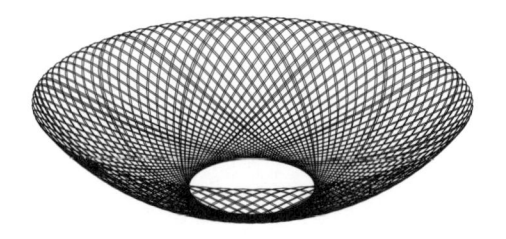

図 6.10 数値計算による球面振り子の軌跡の例

定される.したがって,$dU^*(\theta)/d\theta = 0$ をみたす θ_0 を求め,$E = U^*(\theta_0)$(式 (6.69))となるように力学的エネルギーを与えると,振れ角は一定となる.このような振り子を特に円錐振り子とよぶ. ∎

6.4　万有引力やクーロン力による束縛

さて,われわれの住んでいる世界のいろいろな様相を決めている最も重要な距離の逆 2 乗に比例する力を論じることにしよう.まず,万有引力は,

$$\bm{f}_G = \frac{Gm_G M_G}{r^2}\frac{\bm{r}}{r} \tag{6.73}$$

と書け,2 つの物体の間に働き,互いの距離の逆 2 乗に比例し,それぞれの重力質量 m_G, M_G に比例する中心力であることが知られている.G はすでに出てきた万有引力定数である.3.1 節でもふれたが,この重力質量は,ニュートンの運動方程式に現れる慣性質量(質点の"加速されにくさ"を表す)とは概念的には異なるものである.ただし,これまでの実験的研究から,両者の間に違いがないことがわかっているので,m_G を m と書き,区別をしないことにする.電荷をもった物体の間には,やはり距離の逆 2 乗に比例するクーロン力とよばれる中心力が働く.

両者をまとめて議論するため,比例定数を α とおくと,ポテンシャルエネルギーは,

$$U(r) = \frac{\alpha}{r} \tag{6.74}$$

と書ける.ただし,無限遠で 0 ととってある.α は引力的相互作用のとき負,斥力的相互作用のとき正,であり,クーロン力および万有引力に対してそれぞれ,

$$\alpha_C = \frac{q_1 q_2}{4\pi\epsilon_0} \tag{6.75}$$

$$\alpha_G = -GmM \tag{6.76}$$

である.ここで,q_1, q_2 は相互作用している 2 つの粒子の電荷,$\epsilon_0 = 8.8543 \times 10^{-12}((\mathrm{A}^2\cdot\mathrm{s}^2)/(\mathrm{N}\cdot\mathrm{m}^2))$ は真空の誘電率とよばれる定数である[*3].

[*3]　本節では 2 つの質点の一方は他方に比べてほとんど動かないほど慣性質量が大きいと考えることにする.この仮定の定量的検討は 6.5 節で行う.

したがって，質点の力学的エネルギーは，式 (6.44) から

$$E = \frac{1}{2}\frac{l^2}{m}\left(\frac{du}{d\phi}\right)^2 + \frac{1}{2}\frac{l^2}{m}u^2 + \alpha u$$
$$= \frac{1}{2}\frac{l^2}{m}\left(\frac{du}{d\phi}\right)^2 + \frac{1}{2}\frac{l^2}{m}\left(u + \frac{m\alpha}{l^2}\right)^2 - \frac{1}{2}\frac{m\alpha^2}{l^2} \quad (6.77)$$

で与えられる．ここで，$u + m\alpha/l^2$ を変位 x，ϕ を時刻 t，l^2/m を質量 m およびバネ定数 k，$E + \frac{1}{2}m\alpha^2/l^2$ を力学的エネルギー E と読み替えると，式 (6.77) は質量 m，バネ定数 k の調和振動子の力学的エネルギーと形式的に同じ形になる．したがって，u と ϕ の間には，

$$u + \frac{m\alpha}{l^2} = \sqrt{\frac{2\left(E + \frac{1}{2}\frac{m\alpha^2}{l^2}\right)}{l^2/m}}\sin(\phi + \delta)$$
$$= \sqrt{\frac{2mE}{l^2} + \frac{m^2\alpha^2}{l^4}}\cos\phi \quad (6.78)$$

という関係がある．簡単のため，第 2 式へ変形する際，$\delta = -\pi/2$ と選んだ．したがって，質点の軌跡 $r(\phi)$ は，式 (6.78) より，

$$r = \frac{1}{\sqrt{\frac{2mE}{l^2} + \frac{m^2\alpha^2}{l^4}}\cos\phi - \frac{m\alpha}{l^2}} = \frac{l^2/m\alpha}{\sqrt{1 + \frac{2l^2E}{m\alpha^2}}\cos\phi - 1}$$
$$= \frac{r_0}{\sqrt{1 + \frac{2l^2E}{m\alpha^2}}\cos\phi - 1} \quad (6.79)$$

となる．ここで $r_0 = l^2/m\alpha$ とおいた．式 (6.79) は，円錐を平面で斜めに切ったときの断面の形状を与えるので，一般に円錐曲線とよばれる．

さて，式 (6.79) より，許される力学的エネルギーには下限があって，

$$E \geq -\frac{1}{2}\frac{m\alpha^2}{l^2} \quad (6.80)$$

をみたさなければならないことがわかる．別の見方をすると，力学的エネルギー E が負，すなわち，質点が束縛されている場合には，式 (6.80) は，質点のもち

6.4 万有引力やクーロン力による束縛

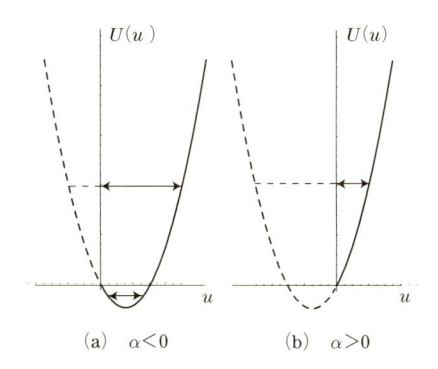

図 6.11 距離に反比例するポテンシャルエネルギーが働いている場合の $u = r^{-1}$ の値域. (a) 引力の場合：$E < 0$ ならば $0 < u$ すなわち $r < \infty$ で束縛状態. $E > 0$ ならば $0 \leq u$ で, r は無限遠に達することのできる散乱状態. (b) 斥力の場合：$E > 0$ のみで解が存在し, $u \geq 0$ すなわち r は無限遠に達することのできる散乱状態

うる角運動量に上限があり，それは，

$$l_{\max}(E) = \sqrt{-\frac{1}{2}\frac{m\alpha^2}{E}} \tag{6.81}$$

で与えられる．

さらに，式 (6.77) の"ポテンシャルエネルギー"に対応する部分, $\frac{1}{2}l^2/m(u+m\alpha/l^2)^2 - \frac{1}{2}m\alpha^2/l^2$, を $U^*(u)$ とおくと, $u = r^{-1} > 0$ であることから, u の値域は，図 6.11 に示したように，α の符号によって異なる制限がつく．すなわち，

- $\alpha < 0$：引力的相互作用をしている場合で，図 6.11 (a) のように，力学的エネルギー E が

$$E \geq -\frac{1}{2}\frac{m\alpha^2}{l^2} \tag{6.82}$$

であれば解をもち, $E < 0$ のとき, r はある有限の値域をとる束縛状態にある. このとき, ϕ の値によらず式 (6.79) は正で有限となっている. すなわち, ϕ の値には制限がない.

一方, $E > 0$ のとき, $u \to 0$ となりうるので, $r \to \infty$, すなわち, 質点は無限遠に達することのできる散乱状態にあることがわかる. このと

き，式 (6.79) で $r > 0$ をみたすためには，$\cos\phi < (1 + 2l^2E/m\alpha^2)^{-\frac{1}{2}}$ でなければならない．

$E = 0$ の場合も質点は無限遠に達するが，$E > 0$ の場合と異なり，質点が無限遠でもつ運動エネルギーは 0 である．また，ϕ も $\cos\phi = 1$ 以外のすべての値をとることができる．

- $\alpha > 0$：斥力的相互作用をしている場合で，図 6.11 (b) のように，$E > 0$ でのみ $r > 0$ をみたす解があり，r は無限遠に達することができる散乱状態にある．このとき，$\alpha < 0$ の場合と同様，ϕ は $\cos\phi < (1 + 2l^2E/m\alpha^2)^{-\frac{1}{2}}$ をみたさなければならない．

  なお，$E = 0$ の場合，質点は $u = 0$ でのみ存在できるが，これは無限遠から動けないということなので，以後は考察しない．

さて，これまでの考察で，万有引力や，クーロン力が働いている場合，質点の軌跡は円錐曲線で表せることがわかった．次に，この円錐曲線が具体的にどのような形をしているかをみるため，よく知っている直角座標系に移って考えてみよう．すでに議論したように，軌跡は式 (6.79) の分母にある余弦関数の係数 $\sqrt{1 + 2l^2E/m\alpha^2}$ が 1 を越えるか否かで分類できると予想される．そこで，

$$e = \sqrt{1 + \frac{2l^2 E}{m\alpha^2}} \tag{6.83}$$

で定義される e を用いて，運動を分類してみよう．e は軌道の扁平さを表す量で，離心率とよばれている．

1. $0 \leq e < 1$，すなわち，$-m\alpha^2/2l^2 \leq E < 0$ のとき：

式 (6.79) を変形すると，

$$\frac{\left(x - \dfrac{er_0}{1-e^2}\right)^2}{\left(\dfrac{r_0}{1-e^2}\right)^2} + \frac{y^2}{\left(\dfrac{r_0}{\sqrt{1-e^2}}\right)^2} = 1 \tag{6.84}$$

が得られる．すなわち，軌跡は図 6.12 のような楕円である．この楕円の焦点は $x = 0$，および，$x = 2er_0/(1-e^2)$ にある（問題 6.7 参照）．すなわち，質点はポテンシャルの中心を一方の焦点とする楕円軌道を描くことがわかる．こ

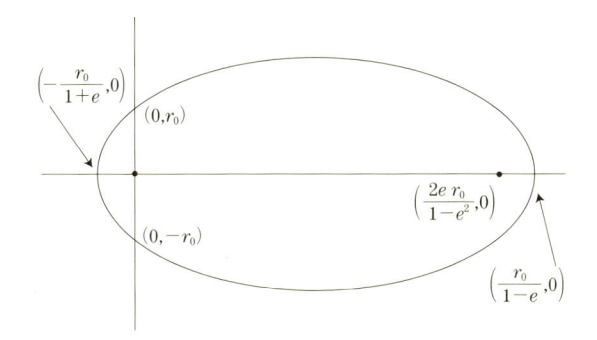

6.4 万有引力やクーロン力による束縛　　　　　　　　　　　　　　133

図 6.12 引力的な r^{-2} 力による質点の軌跡

れは，惑星の軌道は太陽を焦点とする楕円になるというケプラーの第 1 法則に対応している．ここで，ポテンシャルの中心は楕円の中心ではないことに注意しておこう．そのため，軌跡だけみているとその対称性は良いが，例えば，粒子の速さに注目すると，ポテンシャルの中心から遠いところで遅く，近いところで速く運動する．

さて，楕円の面積は，

$$S = \frac{\pi r_0^2}{(1-e^2)^{3/2}} = \pi a^2 (1-e^2)^{1/2} \tag{6.85}$$

である．ここで長軸半径 $a = r_0/(1-e^2)$ を用いた．一方，中心力の場合，面積速度は保存し，$\frac{l}{2}m$ であったから（6.1 節参照），この楕円運動の周期 τ は，

$$\tau = \frac{S}{\frac{1}{2}l/m} = \frac{2\pi a^{3/2} m^{1/2}}{\alpha^{1/2}} \tag{6.86}$$

と求めることができる．ここで $r_0 = l^2/m\alpha$ を用いた．万有引力のときには，式 (6.76) から，

$$\tau = 2\pi a^{3/2} (GM)^{-1/2} \tag{6.87}$$

が得られる．ここで太陽系を想定すると，M は太陽の質量で，したがって，太陽系全体に共通で，惑星周期の 2 乗は惑星の質量によらず惑星軌道の長軸の 3 乗に比例するというケプラーの第 3 法則が導かれる．式 (6.86) は力が電磁気力のとき，周期は長軸ばかりでなく，質点の質量にも依存することを示している．

すなわち，ケプラーの第3法則は，万有引力に特徴的な法則であることが明らかになった（5.5 節参照）．

問題 6.6 地球は太陽から 1.5×10^{11} m の距離にあって，ほぼ円運動している．式 (6.87) を用い，太陽の質量を求めてみよう． □

さて，式 (6.84) から，$e = 0$ で円軌道に，$e \to 1$ で扁平な軌道になることがわかる．ところで，$e = \sqrt{1 + 2l^2 E/m\alpha^2}$ から，$e \to 1$ のとき，$l \to 0$ となる．これは，扁平な軌道は角運動量が小さい，という大変もっともな事実に対応している．ところで，式 (6.84) から，質点がポテンシャルの中心に最も近づく距離 $r_{\min}$ は

$$r_{\min} = \frac{r_0}{1-e^2} - \frac{er_0}{1-e^2} = \frac{r_0}{1+e} \qquad (6.88)$$

となる．$r_0 = l^2/GMm^2$ であるからで，$l \to 0$ で質点はかぎりなく原点に近づくことがわかる．一方，

$$a = \frac{r_0}{1-e^2} = -\frac{1}{2}\frac{\alpha}{E} \qquad (6.89)$$

となって，長軸 a は角運動量 l には依存せず，相互作用の強さを表す α と力学的エネルギー E のみで決まる量であることもわかる．

これを，例えば，同じ中心力でも調和振動子の場合と比べてみるとおもしろい．調和振動子の場合，質点の振幅は力の中心に対してあくまでも左右対称であった．なぜこんなに違うのか，考えてみよう．

ところで，$l \propto m$ であることに注意すると，式 (6.45) から重力のもとでの運動は，M が動かないと仮定できる範囲においては（6.5 節参照），m によらないことがわかる．この特異性は，結果を電気力のときと比べてみれば一目瞭然で，電気力による加速度は当然ながら質点の質量に依存する．

2. $e = 1$，すなわち $E = 0$ の場合：軌道は，

$$x = \frac{y^2 - r_0^2}{2r_0} \qquad (6.90)$$

となる．これは，$e \to 1$ で扁平になった軌道が，$e = 1$ でついに閉じた軌道をとることができなくなり，一方が破れて放物線になることに対応している．こ

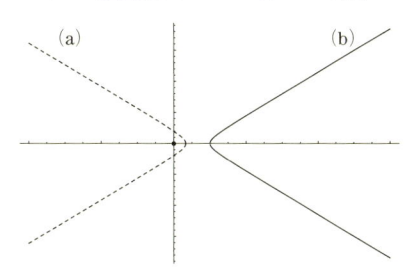

図 6.13 r^{-2} 則に従う中心力が働いているもとでの質点の運動. $e>1$ の場合. (a) 引力ポテンシャル（破線），(b) 斥力ポテンシャル（実線）

の放物線の焦点はやはり原点にある．すでに議論したように，この放物線軌道は引力的相互作用のときに実現される．

3. $e>1$, すなわち $E>0$ のとき：軌道は双曲線になり，

$$\frac{\left(x-\frac{er_0}{e^2-1}\right)^2}{\left(\frac{r_0}{e^2-1}\right)^2} - \frac{y^2}{\left(\frac{r_0}{\sqrt{e^2-1}}\right)^2} = 1 \tag{6.91}$$

と書ける．式 (6.91) は $x=r_0/(e+1)$ と $r_0/(e-1)$ で x 軸と交わる双曲線である．この双曲線の焦点は，原点および $2er_0/(e^2-1)$ にある（問題 6.8 参照）．図 6.13 に示したように，この軌道は無限のかなたから近づき，方向を変えられ，再び無限のかなたへ飛び去る様子を表している．すなわち，ポテンシャルによる質点の散乱を表している．ところで，軌跡 (a) はポテンシャルの中心を回り，軌跡 (b) はその前に跳ね返されている．これから明らかなように，軌跡 (a) は引力ポテンシャルのとき，また，軌跡 (b) は斥力的ポテンシャルのときに実現される軌道である．すなわち，クーロン相互作用によって散乱される粒子の場合，その軌跡の形状は電荷の絶対値が同じであれば合同だが，ポテンシャルの中心からみるとおよそ違ったものであることがわかる．

問題 6.7 x 軸上に対称な 2 点，$(-\alpha,0)$ と $(\alpha,0)$ をとり，この 2 点への距離の和が一定になるような点の集合は楕円であることを示せ．この 2 点を楕円の焦点とよぶ．式 (6.84) で表される楕円の焦点は，p.132 で述べたように $(0,0)$ $(2er_0/(1-e^2),0)$ になっていることを確認せよ．さらに，一方の焦点から出て

楕円で鏡面反射される光は他の焦点に集まることからこの名がある．これを確認せよ．

[解] 距離の和を s とおくと，設問の仮定より，
$$s = \sqrt{(x+\alpha)^2 + y^2} + \sqrt{(x-\alpha)^2 + y^2} \tag{6.92}$$
である．これを整理すると，
$$\frac{x^2}{\left(\frac{1}{2}s\right)^2} + \frac{y^2}{\left(\frac{1}{2}s\right)^2 + \alpha^2} = 1 \tag{6.93}$$
が得られる．これを標準的な楕円の式
$$\frac{x^2}{a^2} + \frac{y^2}{b^2} = 1 \tag{6.94}$$
と比べると，
$$a = \frac{s}{2} \tag{6.95}$$
$$b = \sqrt{\left(\frac{1}{2}s\right)^2 - \alpha^2} \tag{6.96}$$
であることがわかる． ∎

問題 6.8 前問を参考にし，放物線，双曲線の焦点の意味を考察せよ．

6.4.1 大きさをもった物体から働く力

さて，力はベクトルであって，したがって，加算的であった．すなわち，1つの質点にいくつかの力が同時に働いているとき，質点の運動はすべての力をベクトル的に加えてでき上がる力のもとでの運動ととらえることができた．ポテンシャルエネルギーから力が求まることを思い起こすと，ポテンシャルエネルギーも加算的であることがわかる．この性質を用いると，例えば，われわれが地球のような有限の大きさをもった物体からどのような力を受けるかを評価することができる．もちろん，物体と質点の距離が物体の大きさよりずっと遠い場合，物体もほとんど質点と考えてよいであろうから（もともと質点はこのような場合の理想化であった），ポテンシャルエネルギーは，

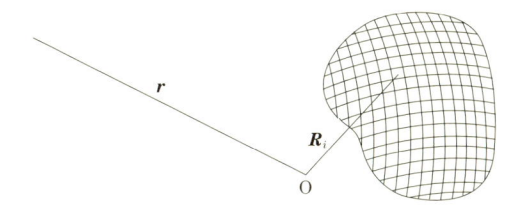

図 **6.14** 質点と大きさをもった物体との間のポテンシャルエネルギーの計算方法

$$U(r) = -\frac{GmM}{|\bm{r}-\bm{R}|} \tag{6.97}$$

と書けるであろう．ここで，質点の位置ベクトルを $\bm{r}$，物体の中心までの位置ベクトルを $\bm{R}$ とした．では，物体の形がみえる程度に近いときはどうなるであろうか．これは，図 6.14 のように，物体を細かい小片に分け，この小片のそれぞれに式 (6.97) が成立することから求めることができる．すなわち，i 番目の小片と質点の間のポテンシャルエネルギー ΔU_i は，

$$\Delta U_i = -\frac{Gm\Delta M_i}{|\bm{r}-\bm{R}_i|} = -\frac{Gm\rho(\bm{R}_i)\Delta V_i}{|\bm{r}-\bm{R}_i|} \tag{6.98}$$

となる．ここで，ΔM_i は小片 i の質量，$\rho(\bm{R}_i)$ は小片の密度，ΔV_i は小片の体積である．したがって，質点と物体のポテンシャルエネルギー U は，式 (6.98) をすべての小片について足し合せて，

$$\begin{aligned}U(\bm{r}) &= \lim_{\Delta V \to 0} \sum_i U_i = \lim_{\Delta V \to 0} \sum_i -\frac{Gm\rho(\bm{R}_i)\Delta V_i}{|\bm{r}-\bm{R}_i|} \\ &= -\int \frac{Gm\rho(\bm{R})}{|\bm{r}-\bm{R}|} dV \end{aligned} \tag{6.99}$$

で与えられる．さて，物体が図 6.15 に示したように，半径 a で質量密度（単位体積あたりの質量）分布が球対称（中心からの距離のみに依存する）である場合を考えよう．ポテンシャルエネルギーは球と質点の距離だけで決まるので，球の中心を座標の原点に，質点を x_3 軸上においても，一般性を失わないだろう．次に球を小片に分けることを考えよう．最も簡単なのは小さなさいころをつくることで，これは，いわば，直角座標系で (x_1, x_2, x_3) と $(x_1+\Delta x_1, x_2+\Delta x_2, x_3+\Delta x_3)$ を対向する頂点とする小さな直方体をつくることに対応している．この小片を体

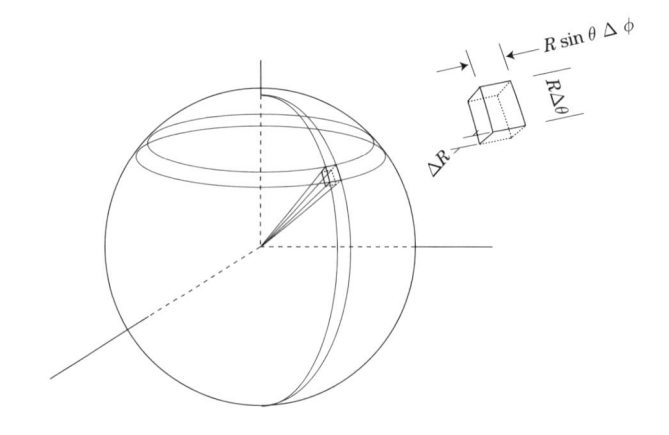

図 6.15 球対称の分布をもつ物体の極座標による体積素片

積素片とよぶ．この体積素片の体積は $\Delta V = \Delta x_1 \Delta x_2 \Delta x_3$ であるので，これを足し合わせればいいのだが，x_1, x_2, x_3 のそれぞれの積分の範囲は他の座標に依存するので，計算がちょっとやっかいになる．そこで，極座標で積分を実行することを考えよう．極座標における体積素片は，図 6.15 のように $(R, R + \Delta R)$，$(\theta, \theta + \Delta \theta)$，$(\phi, \phi + \Delta \phi)$ によって囲まれたゴムまりの破片のような形をしている．図から明らかなように，体積素片の体積 ΔV は

$$\Delta V = \Delta R \cdot R \Delta \theta \cdot R \sin \theta \Delta \phi = R^2 \sin \theta \Delta R \Delta \theta \Delta \phi = R^2 \Delta R \Delta \Omega \quad (6.100)$$

である．ここで，$\Delta \Omega$ は極角 $\Delta \theta$，方位角 $\Delta \phi$ のはる立体角とよばれる．全立体角は，

$$\int d\Omega \int \sin \theta d\theta d\phi = 2\pi \int_{-1}^{1} d(\cos \theta) = 4\pi \quad (6.101)$$

である．

問題 6.9 半径 R の球の表面積を求めてみよう． □

[解] 立体角 $\Delta \Omega$ に対応する球の表面積 ΔS は，

$$\Delta S = R^2 \Delta \Omega \quad (6.102)$$

である．これを積分して，$4\pi R^2$ が得られる． ∎

したがって，式 (6.99) は，

$$U(r) = -\int_0^a \frac{2\pi Gm\rho(R)R^2 dR}{\sqrt{2rR}} \int_{-1}^1 \frac{d(\cos\theta)}{\sqrt{(R^2+r^2)/2Rr - \cos\theta}}$$
$$= -\int_0^a \frac{2\pi Gm\rho(R)(r+R-|r-R|)}{r} R dR \qquad (6.103)$$

となる．これを質点が球の外にあるときと内にあるときについて場合分けすると，

- $r \geq a$ のとき：

$$U(r) = -\frac{2\pi Gm}{r} \int_0^a \rho(R) R dR 2R = -\frac{GmM}{r} \quad (6.104)$$

が得られる．ただし，

$$M = 4\pi \int_0^a \rho(R) R^2 dR \qquad (6.105)$$

は，物体の質量である．

- $r < a$ のとき：物体内部におけるポテンシャルエネルギーは $\rho(R)$ がどのような分布をしているかに依存する．例えば，密度が一様，すなわち，$\rho(R)$ が R に依存しない場合には，

$$\int_0^a R dR(R + r - |R - r|) = ra^2 - \frac{1}{3}a^3 \qquad (6.106)$$

となる．ここで

$$M = \frac{4\pi}{3} a^3 \rho \qquad (6.107)$$

であるので，

$$U(r) = -\frac{GmM}{a} \left(\frac{3}{2} - \frac{1}{2}\left(\frac{r}{a}\right)^2 \right) \qquad (6.108)$$

となる．

したがって，質点が球状の物体の外，あるいは，表面上にあるとき，質点と物体の間のポテンシャルエネルギーは，式 (6.97) とまったく同じ形，すなわち，物体の全質量がその中心に集まった場合とまったく区別のつかないことがわか

る．導出の仕方からわかるように，これは r^{-1} に比例するポテンシャルエネルギーに共通の著しい特徴である．

なお，式 (6.104) から力を求め，$r = a$ を代入すると，

$$f = -m\frac{GM}{a^2} \tag{6.109}$$

が得られる．これは地表における質点への重力加速度 g が

$$g = \frac{GM}{a^2} \tag{6.110}$$

で，すなわち，地球の質量と半径，および，重力定数で決まることを示している．また，3.1 節で考えた一様重力という仮定が，どの程度の妥当性をもつものかも式 (6.110) からわかる．

ここで式 (6.108) から，質点に働く力 $f(r)$ を求めると，

$$f(r) = -\frac{\partial U}{\partial r} = -\frac{GmM}{a^3}r = -\frac{GmM(r)}{r^2} \tag{6.111}$$

と書けることがわかる．ここで，$M(r) = (4\pi/3)\rho r^3$ で，これは r を半径とする球の質量である．これは大変興味深い結果で，質点に働く力は，質点の内側にある物体の質量がその中心に集まったと考えて評価すればよく，外部に物質があるかどうかにはよらない．

問題 6.10 富士山頂における重力加速度は海抜 0 m における重力加速度とどの程度異なるか評価してみよう． □

問題 6.11 地球の中心を通ってトンネルを掘り，地表のはるか上空距離 a の位置からこのトンネルに向かって質量 m の質点を落とした．地球の回転を無視して，質点がどんな運動をするか議論せよ．この運動と，ケプラーの第 1 法則によって予測される運動を比較してみよう． □

［解］ 中心に向かって落とすのであるから $l = 0$ である．したがって，地球の半径を a，質量を M として，運動方程式は，

$$m\ddot{r} = -\frac{GmM}{r^2} \qquad r > a \tag{6.112}$$

$$m\ddot{r} = -\frac{GmM}{a^3}r \qquad r < a \tag{6.113}$$

で与えられる．この場合，質点は振幅 $2a$ の直線往復運動をする．これは地球が有限の大きさをもっているかぎり，具体的な半径にはよらない．一方，6.4 節ですでに考察したように，地球の半径が無限に小さいとき，質点は振幅 a の往復直線運動をする．後者は前者の極限操作によって実現されるはずだが，結果は定性的に違っている．どうしてか考えてみよう． ∎

問題 6.13 無限遠に散らばっていた微細な塵が集まり地球程度の大きさになったと仮定しよう．ポテンシャルエネルギーが逃げなかったと仮定すると，地球の温度はどの程度になるか評価せよ． □

[解] 密度 ρ でちりが積もると仮定する．さて，半径 r まで球状に堆積しているところへ，無限遠から Δm の質量を加えたとき放出されるエネルギー ΔW は

$$\Delta W = \frac{G}{r}\left(\frac{4\pi\rho}{3}r^3\right)\Delta m = \frac{G}{r}\left(\frac{4\pi\rho}{3}r^3\right)4\pi r^2\rho\Delta r \quad (6.114)$$

で与えられる．したがって，

$$W = \int dW = \frac{16\pi^2}{3}\int_0^a G\rho^2 r^4 dr = \frac{3GM^2}{5a} \quad (6.115)$$

となる．地球の半径 $a = 6000\,\text{km}$, $\rho = 5\,\text{g/cm}^3$ とすると，$W \sim 10^{32}\,\text{J}$ となる．したがって，比熱を $1(\text{J/K}\cdot\text{g})$ とすると，ちりが固まった当初の地球の温度は 10^4 度程度となる． ∎

問題 6.13 地球が完全な球体であるとしよう．

(i) 地表から水平に初速度 v でゴルフボールを打ち出した．ゴルフボールが地表とぶつかることなく戻ってくるのに必要な最低速度を求めよ．また，そのときの周期はいくつになるだろうか．ただし，空気の摩擦力は無視する．

(ii) 人工衛星を赤道上に打ち上げた．これが静止衛星となるための高度は，地球半径の何倍になるか求めよ． □

[解] (i) 地表にそって打ち出されたゴルフボールは，Δt 秒後には，$v\Delta t$ 進み，$\frac{1}{2}g\Delta t^2$ だけ地表に近づく．一方，地球の半径を R とおくと，$v\Delta t$ 離れた位置は，地球の中心からみて，$\Delta\theta \sim v\Delta t/R\,\text{rad}$ だけずれている．したがって，地

表は $R(1-\cos(\Delta\theta)) \sim R\frac{1}{2}(v\Delta t/R)=v^2\Delta t^2/2R$ だけ下がっている. この 2 つの量が同じであればボールはいつまでたっても地表にたどり着かないことになるので,

$$v=\sqrt{gR} \qquad (6.116)$$

が求める速度である. また, 周期 τ は,

$$\tau=\frac{2\pi R}{v}=2\pi\sqrt{\frac{R}{g}} \qquad (6.117)$$

となる. 具体的な数字を代入すると $\tau \sim 5000\,\mathrm{s}$ が得られる.

(ii) 地表からの高度を h とすると, その地点における重力加速度は $g'=g(R/(R+h))^2$ である. したがって, 1 周するのに要する時間 τ' は,

$$\tau'=2\pi\sqrt{\frac{R+h}{g'}}=\tau\left(1+\frac{h}{R}\right)^{3/2} \qquad (6.118)$$

となる. これが 24 時間であればよいから, $h \sim 5.6R$ となる. ∎

6.5　2 体 問 題

2 つの質点が相互作用しているとき, それぞれの質点がどのような運動をするかを考察しよう.

まず, 2 つの質点は互いに相互作用しているだけで, 外から力を受けていないとする. このとき, ニュートンの第 2, 第 3 法則から,

$$m_1\ddot{\boldsymbol{r}}_1=\boldsymbol{f}_{12} \qquad (6.119)$$

$$m_2\ddot{\boldsymbol{r}}_2=\boldsymbol{f}_{21}=-\boldsymbol{f}_{12} \qquad (6.120)$$

である. なお, 座標を図 6.16 のようにとった. そこで, 重心の質量と重心をそれぞれ

$$M=m_1+m_2 \qquad (6.121)$$

6.5 2体問題

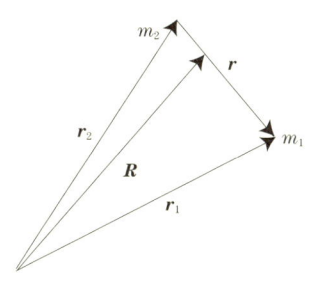

図 6.16 2つの質点の相互作用. それぞれを実験室系からみた座標 r_1, r_2 と重心座標 R, 相対座標 r の関係

$$R = \frac{m_1 r_1 + m_2 r_2}{M} \tag{6.122}$$

で定義すると,

$$M\ddot{R} = 0 \tag{6.123}$$

となって, 2つの質点が相互作用しているときでも, 重心の座標は等速直線運動をする, あるいは, 重心の運動量は保存する, ことがわかる.

次に, f_{12} が2つの質点の距離にのみ依存し, 2つの質点を結ぶ線上にある中心力,

$$f_{12} = f(|r_1 - r_2|) \frac{r_1 - r_2}{|r_1 - r_2|} \tag{6.124}$$

の場合を考えよう. このとき,

$$\begin{aligned} \ddot{r}_1 - \ddot{r}_2 &= \frac{f_{12}}{m_1} - \frac{f_{21}}{m_2} = \left(\frac{1}{m_1} + \frac{1}{m_2}\right) f_{12} \\ &= \left(\frac{1}{m_1} + \frac{1}{m_2}\right) f(|r_1 - r_2|) \frac{r_1 - r_2}{|r_1 - r_2|} \end{aligned} \tag{6.125}$$

である. ここで,

$$r = r_1 - r_2 \tag{6.126}$$

により相対座標を, また,

$$\frac{1}{\mu} = \frac{1}{m_1} + \frac{1}{m_2} \tag{6.127}$$

により換算質量 μ を定義すると，式 (6.125) は，

$$\mu \ddot{\bm{r}} = f(|\bm{r}|)\frac{\bm{r}}{|\bm{r}|} \equiv \bm{f} \tag{6.128}$$

と書くことができる．式 (6.128) は換算質量 μ の質点に力 f が働いているときの運動方程式になっている．$\bm{r}$ の運動がわかると，$\bm{r}$ と等速直線運動をしている $\bm{R}$ から，2 つの質点 m_1 と m_2 の運動は，

$$\bm{r}_1 = \bm{R} + \frac{m_2}{M}\bm{r} \tag{6.129}$$

$$\bm{r}_2 = \bm{R} - \frac{m_1}{M}\bm{r} \tag{6.130}$$

として求めることができる．このように，2 つの質点が互いに力を及ぼす場合の運動は，換算質量 μ をもつ質点が対応する力のもとでする運動を調べることで，すべて理解できる．すなわち，2 体問題は，1 体問題に帰着されることがわかった．

さて，2 体系の力学的エネルギーは，

$$E = \frac{1}{2}m_1 v_1^2 + \frac{1}{2}m_2 v_2^2 + U(|\bm{r}_1 - \bm{r}_2|) \tag{6.131}$$

と書いてよいであろう．ただし，2 つの質点間のポテンシャルエネルギーを $U(r)$ とした．式 (6.129), (6.130) を用いて，式 (6.131) を重心座標 $\bm{R}$ と相対座標 $\bm{r}$ で書き直すと，

$$\begin{aligned}E &= \frac{1}{2}m_1\left(\dot{\bm{R}} + \frac{m_2}{m_1+m_2}\dot{\bm{r}}\right)^2 + \frac{1}{2}m_2\left(\dot{\bm{R}} - \frac{m_1}{m_1+m_2}\dot{\bm{r}}\right)^2 + U(r)\\ &= \frac{1}{2}M\dot{\bm{R}}^2 + \frac{1}{2}\mu\dot{\bm{r}}^2 + U(r)\end{aligned} \tag{6.132}$$

となる．すなわち，互いに相互作用している 2 つの粒子の力学的エネルギーは，重心の運動エネルギー $\frac{1}{2}M\dot{\bm{R}}^2$ と相対運動に関わる力学的エネルギー，

$$\epsilon = \frac{1}{2}\mu\dot{\bm{r}}^2 + U(r) \tag{6.133}$$

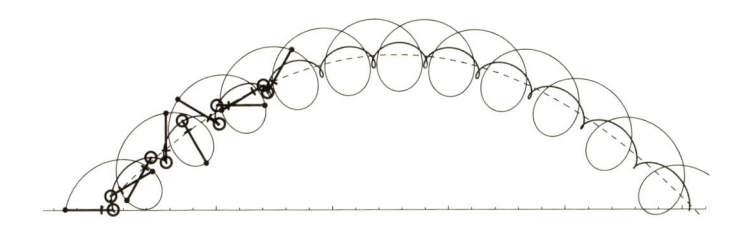

図 6.17 長さ l の棒の両端にそれぞれ質量 m_1 および $m_2(m_1 > m_2)$ の質点を結びつけ,放り投げたときの質点(m_2:細い実線,m_1:太い実線)と重心(波線)の軌跡

に分離された.全力学的エネルギー(式 (6.131))と重心の運動エネルギー($\frac{1}{2}M\dot{\boldsymbol{R}}^2$)はそれぞれ保存するので,$\epsilon$ も保存する.したがって,ϵ を t に関して微分することによっても,式 (6.128) を導くことができる.

問題 6.14 軽い棒の両端に質量 m_1 と m_2 の重りをくくりつけ,地上で図 6.17 のように放り上げたとしよう.どんな運動をするか考察せよ. □

[解] 地上での運動であるから,両端の質点には重力も加わる.すなわち,運動方程式は,

$$m_1\ddot{\boldsymbol{r}}_1 = \boldsymbol{f}_{12} - m_1 g \boldsymbol{e}_3 \tag{6.134}$$

$$m_2\ddot{\boldsymbol{r}}_2 = \boldsymbol{f}_{21} - m_1 g \boldsymbol{e}_3 = -\boldsymbol{f}_{12} - m_1 g \boldsymbol{e}_3 \tag{6.135}$$

である.これから,相対運動および重心運動の運動方程式を求めると,

$$M\ddot{\boldsymbol{R}} = -Mg\boldsymbol{e}_3 \tag{6.136}$$

$$\mu\ddot{\boldsymbol{r}} = \boldsymbol{f}_{12} \tag{6.137}$$

となる.重心は重力に沿って運動し,一方,2つの質点の相対運動は重力には影響されず,相互に働く力のみで運動の決まることがわかる.ところで,いま考えている系では,$\boldsymbol{f}_{12}$ は2つの質点の間隔を一定に保つように働く束縛力で,式 (6.137) から明らかなように,$\boldsymbol{r} \parallel \boldsymbol{f}_{12}$ であるので,相対座標に関わる角運動量は保存する.実際,適当な初期条件のもとで運動方程式を解き,各質点の軌跡を描くと,重い方は図 6.17 の太い実線のような,軽い方は同じ図の細い

実線のような大変複雑な運動になるが，重心は図の波線のように単純な放物線運動になっている．また，重心からみた棒の両端は角速度一定の円運動をしている． ■

問題 6.15 月は地球と太陽から力を受け，また，地球は太陽と月から力を受けて運動している．太陽の質量が地球や月より圧倒的に大きいことを考えると，地球と月の相互運動と地球と月の重心の太陽に対する運動は独立に議論できることを示せ． □

[解] 月と地球の運動方程式は，太陽，地球，月の質量をそれぞれ m_s, m_e, m_m，また，太陽を原点として，月と地球の位置ベクトルをそれぞれ $\bm{r}_e$, $\bm{r}_m$ とおくと，

$$m_m \ddot{\bm{r}}_m = -G\frac{m_s m_m \bm{r}_m}{|\bm{r}_m|^3} + G\frac{m_e m_m (\bm{r}_e - \bm{r}_m)}{|\bm{r}_e - \bm{r}_m|^3} \quad (6.138)$$

$$m_e \ddot{\bm{r}}_e = -G\frac{m_s m_e \bm{r}_e}{|\bm{r}_e|^3} - G\frac{m_e m_m (\bm{r}_e - \bm{r}_m)}{|\bm{r}_e - \bm{r}_m|^3} \quad (6.139)$$

である．これを，地球と月の重心座標 $\bm{R}$ と地球と月の相対座標 $\bm{r}$ を用いて書き直すと，

$$(m_m + m_e)\ddot{\bm{R}} = -\frac{Gm_s m_m \{\bm{R} - m_e \bm{r}/(m_e + m_m)\}}{|\bm{R} - m_e \bm{r}/(m_e + m_m)|^3}$$
$$- \frac{Gm_s m_e \{\bm{R} + m_m \bm{r}/(m_e + m_m)\}}{|\bm{R} + m_m \bm{r}/(m_e + m_m)|^3} \quad (6.140)$$

$$\ddot{\bm{r}} = -\frac{Gm_s \{\bm{R} + m_m \bm{r}/(m_m + m_e)\}}{|\bm{R} + m_m \bm{r}/(m_m + m_e)|^3} + \frac{Gm_s \{\bm{R} - m_e \bm{r}/(m_m + m_e)\}}{|\bm{R} - m_e \bm{r}/(m_m + m_e)|^3}$$
$$- \frac{G(m_e + m_m)\bm{r}}{r^3} \quad (6.141)$$

となる．ここで，$|\bm{R}| \gg |\bm{r}|$ を用いると，式 (6.140) と式 (6.141) はそれぞれ，

$$(m_m + m_e)\ddot{\bm{R}} \sim -\frac{Gm_s(m_e + m_m)\bm{R}}{|\bm{R}|^3} \quad (6.142)$$

$$\mu \ddot{\bm{r}} \sim -\frac{Gm_e m_m \bm{r}}{|\bm{r}|^3} \quad (6.143)$$

となって，地球–月の運動と，太陽–（地球–月）の運動は分離できた．ただし，$\mu = m_e m_m/(m_e + m_m)$ である． ■

6.6 粒子の散乱

何か未知の物質があるとき，その性質を知るのにはどんな方法があるだろうか．最も普遍的なのは，何か性質のわかっている別のものをもってきて，性質を知りたい物体にぶつけ，その反応をみるということであろう．物質の色は波長依存性のある光の散乱を目という検出器を通して観測しているのであるし，原子はほとんどの質量を担っている小さいが重い原子核と，原子の大きさを決めている大変軽い電子からなっているという長岡–ラザフォードの原子模型は，α線の散乱実験がその根拠となっている．以上のように，散乱はわれわれの自然認識を現実的で客観的なものにするという意味で大変重要な過程である．本節では，その最も簡単な例である2つの粒子が保存力のもとで衝突する場合を議論しよう．

まず，相互作用の詳細に立ち入らず，運動エネルギーと運動量の保存からどのようなことがいえるかから始めよう．

6.6.1　2体の衝突と運動学

前節で2体問題は1体問題に帰着できることをみた．ここでは，図 6.18 のように，質量 m_p の粒子が速度 $\boldsymbol{v}$（したがって，運動エネルギー $E = \frac{1}{2}m_p\boldsymbol{v}^2$）で飛んできて，静止している質量 m_t の粒子に衝突し，それぞれ，$\boldsymbol{v}_p$, $\boldsymbol{v}_t$ で飛び去るような場合を議論しよう．なお，散乱角，反跳角をそれぞれ θ_p, θ_t とおく．このとき，衝突の前後で運動量は保存するので，

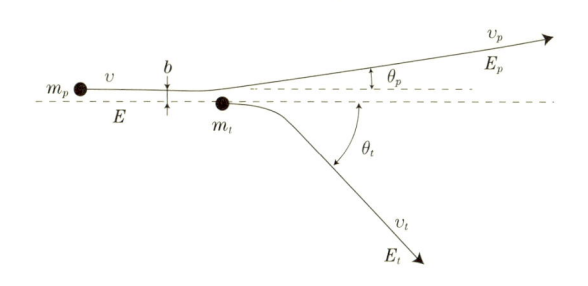

図 **6.18**　2体散乱の模式図

$$m_p \boldsymbol{v} = m_p \boldsymbol{v}_p + m_t \boldsymbol{v}_t \tag{6.144}$$

である．さらに，簡単のため，衝突の前後で運動エネルギーが保存する場合を考えると，

$$\frac{1}{2}m_p \boldsymbol{v}^2 = \frac{1}{2}m_p \boldsymbol{v_p}^2 + \frac{1}{2}m_t \boldsymbol{v_t}^2 \tag{6.145}$$

である．ここで v_p，あるいは，v_t を消去すると，

$$v_p = \frac{m_p v}{m_p + m_t}\left(\cos\theta_p \pm \sqrt{\left(\frac{m_t}{m_p}\right)^2 - \sin^2\theta_p}\right) \tag{6.146}$$

$$v_t = \frac{2m_p v}{m_p + m_t}\cos\theta_t \tag{6.147}$$

が得られる．このように，相互作用の詳細にはまったく関係なしに，散乱される角度と散乱された後の粒子の速さ，したがって，エネルギーとの間には1対1の関係がある．すなわち，質量と速さのわかっている粒子を用意し，標的にぶつけて散乱角と散乱後の速さ（あるいはエネルギー）を測定すると，逆に，どのような質量をもった粒子が標的の中にあったかを知ることができる．この事実は，物質に含まれる微量元素を分析する手段として有力で，Rutherford-Backscattering-Spectroscopy（RBS）法とよばれて，いろいろな場面で利用されている．

さて，式 (6.146) から，$m_t < m_p$ のとき，散乱角 θ_p には制限のあることがわかる．これは，入射粒子の方が標的粒子より重いと，後方への散乱が起きないことに対応している．根号の前の符号は，同じ散乱角でも2つの異なったエネルギーをもちうることを示している．これが何を意味するかを考えるため，例によって，極端な場合，例えば $\theta = 0$ を考えてみよう．入射粒子が正面へ飛んでくるのは，標的のずっと遠くを通ってほとんど散乱を受けなかった場合と，正面衝突したが，なお，標的をけ飛ばして，前に進んでいる場合の2通りが考えられる．入射粒子の散乱後のエネルギーは当然ながら後者の場合が低くなる．一方，$m_t > m_p$ のときには，根号の前が負になる解は散乱後の運動エネルギーが負になってしまい，物理的に意味のない解となるので，正符号の解が求めるものである．すなわち，散乱角は0度から180度のすべての角度にわたり，角

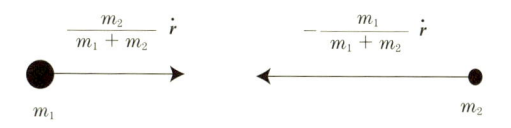

図 6.19 重心系での散乱

度とエネルギーの関係もユニークに決まる.

ところで，2 体衝突のときは式 (6.132) から知れるように相対運動に関わるエネルギーは全エネルギーより重心の運動エネルギー分だけ低い.

図 6.19 のように衝突を重心系でみると，それぞれの粒子のもつ運動エネルギーは，式 (6.129) および式 (6.130) より，

$$\frac{1}{2}m_1(\dot{\boldsymbol{r}}_1 - \dot{\boldsymbol{R}})^2 + \frac{1}{2}m_2(\dot{\boldsymbol{r}}_2 - \dot{\boldsymbol{R}})^2 = \frac{1}{2}\mu\dot{\boldsymbol{r}}^2 \qquad (6.148)$$

となって，相対運動に関わるエネルギーと一致することがわかる．したがって，相対運動に関わるエネルギーは，2 つの粒子をぶつけてなんらかの反応を起こさせる際（非弾性散乱），その反応に関与できる最大のエネルギーを与える．逆に，ある反応を起こすのに必要な最低のエネルギーで粒子をぶつけると，反応ででき上がった粒子は重心系で静止していることになる．ビリアードの玉同士の衝突は弾性散乱に近く，粘土玉同士をぶつけて両方が変形して引っつく場合は重心系での運動エネルギーがすべて吸収された非弾性散乱になっている．原子と原子の衝突における励起，分子と分子の衝突における新たな分子の生成，原子核反応による別種の原子核の生成，素粒子反応による新粒子の生成等々は非弾性散乱の例である.

ところで，衝突の実質的なエネルギーが相対運動に関わる運動エネルギーで与えられることは，粒子同士の衝突エネルギーを有効に上げることがなかなか困難であることを意味している[*4]．逆に，重心運動のエネルギーをなくし，無駄なく衝突エネルギーを反応に関与させるためには，衝突させるべき 2 つの粒子を反対方向に運動させ正面衝突させればよいと考えられる．このような道具立てはコライダーとよばれており高いエネルギーを要する加速器実験では，しばしば用いられる．図 6.20 にはジュネーブにある欧州原子核研究所（CERN）

[*4] この辺の事情は相対論効果が重要になる高エネルギー衝突ではより深刻になる.「力学 II」参照.

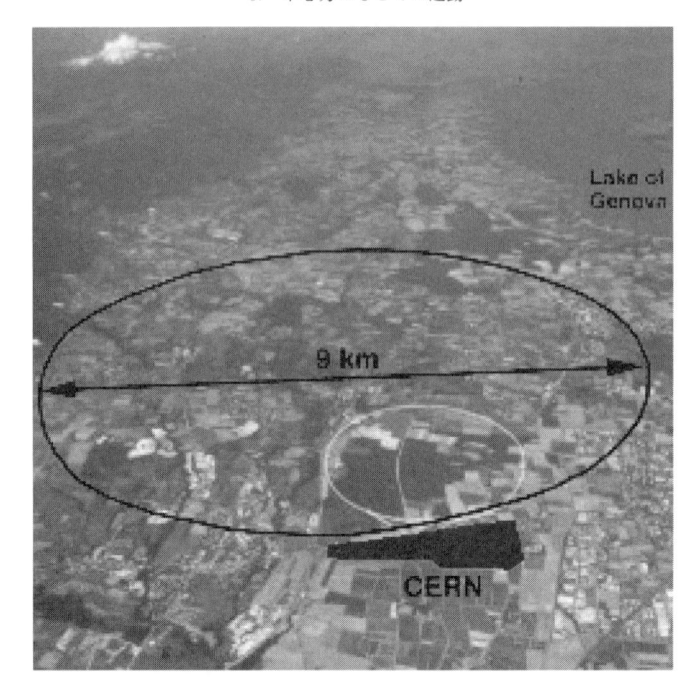

図 6.20 欧州原子核研究所で建設が進んでいる LHC 周辺の写真（写真中の黒い円が LHC の建設予定位置）

で建設が進んでいる直径 9 km におよぶ LHC（Large Hadron Collider）という加速器の建設地域の写真を示した．写真中に黒い円で書き込まれた所に真空のパイプを仕込み，重イオンを反対方向に回転させ正面衝突をさせようというわけである．

6.6.2 散乱断面積

前項で，散乱角を決めると粒子のエネルギー，速度などの決まることをみた．しかし，どの角度に，どの程度の頻度で散乱されてくるかは，相互作用の詳細を決めないと決まらない．

まず，現象を定性的に考えることから始めよう．図 6.18 のように，標的に向けて質点を発射したとする．図の b は質点の軌道が直線だと仮定した場合の質点と標的の最近接距離で，衝突径数とよばれる．質点の速さを v，働く力を

$f(r)$ とおくと，質点が標的から大きな力を受けている時間は b/v の程度と考えても大体はよいだろうから，質点が v と垂直方向に受け取る運動量 Δp は大まかに，

$$\Delta p \sim f(b)b/v \tag{6.149}$$

程度と考えることができる．したがって，質点の運動方向は，

$$\theta \sim \frac{\Delta p}{p} \sim f(b)b/mv^2 = \frac{f(b)b}{2E} \tag{6.150}$$

程度変更を受けると考えることができる．ここで質点の運動エネルギーを E とおいた．これで，衝突径数 b と散乱角 θ の関係がわかった．ところで，通常の原子や原子核の散乱実験では個々の標的は小さすぎ，衝突径数を指定して衝突を起こさせることは不可能である．このような場合，狙いを定めずに多くの粒子を入射させると，結果的にいろいろな衝突径数がほぼまんべんなく実現される．すなわち，単位面積，単位時間あたり N 個の粒子を入射させると，衝突径数 b から $b+\Delta b$，方位角 ϕ から $\phi+\Delta\phi$ の間を単位時間に通過する粒子数 ΔN は，

$$\Delta N = Nb\Delta b\Delta\phi \tag{6.151}$$

となる．これが θ から $\theta+\Delta\theta$，ϕ から $\phi+\Delta\phi$ の間に散乱されてくると考えると，比例係数を σ として，

$$\Delta N = N\sigma\Delta\theta\Delta\phi \tag{6.152}$$

と書ける．この比例係数 σ が散乱の頻度を与える量であるが，式 (6.151) および式 (6.152) を比べると明らかなように，σ は面積の次元をもっているので，散乱断面積とよばれる．以上から，

$$\sigma = b\frac{\Delta b}{\Delta\theta} \tag{6.153}$$

として散乱断面積を評価することができる．

さて，具体的に散乱断面積がどのような形になるかを斥力的クーロン相互作

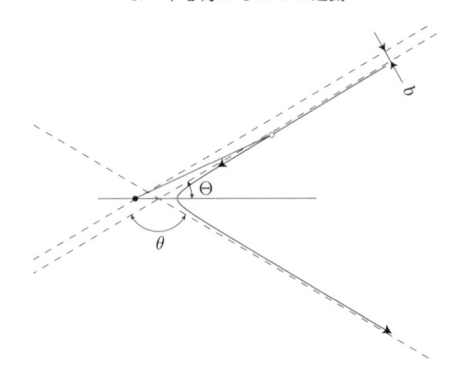

図 6.21 斥力的なクーロン力が働いている場合の質点の軌跡

用をしている場合について調べてみよう．図 6.21 に質点の散乱の様子を示した．図中の θ は散乱角である．まず，θ と式 (6.91) の各種パラメータとの関係を導こう．漸近線の方程式は，

$$y = \pm\sqrt{e^2 - 1}\left(x - \frac{er_0}{e^2 - 1}\right) \tag{6.154}$$

であるので，ただちに

$$\tan\Theta = \sqrt{e^2 - 1} \tag{6.155}$$

が得られる．したがって，$\theta + 2\Theta = \pi$ を用いると，

$$\cot\frac{\theta}{2} = \sqrt{e^2 - 1} = \sqrt{\frac{2l^2 E}{m\alpha^2}} = \frac{mvb}{\alpha} \tag{6.156}$$

が得られる．ここで，式 (6.83) と $l = mvb$ を用いた．これで衝突径数 b と散乱角 θ の関係が得られた．したがって，衝突径数が θ から $\theta + \Delta\theta$ の間に対応する散乱断面積 $\Delta\sigma$ は

$$\begin{aligned}\Delta\sigma &= -b\Delta b\Delta\phi = \frac{\alpha}{mv^2}\cot\frac{\theta}{2}\frac{GM}{v^2}\frac{1}{2\sin^2(\theta/2)}\Delta\theta\Delta\phi \\ &= \frac{\alpha^2}{4m^2v^4}\frac{\sin\theta\Delta\theta}{\sin^4(\theta/2)} = \frac{G^2M^2}{4v^4}\sin^{-4}\frac{\theta}{2}\Delta\Omega\end{aligned} \tag{6.157}$$

と得られる．ここで $\Delta\Omega = \sin\theta\Delta\theta\Delta\phi$ は極角方向 θ から $\theta + \Delta\theta$，方位角方

向 ϕ から $\phi+\Delta\phi$ に対応する立体角である．第2番目の式で "−" をつけたのは，散乱断面積を θ の関数として正の量とするためである．これは b が大きくなると θ は小さくなるという事情に対応している．式 (6.157) をもう少し整理すると，

$$\frac{d\sigma}{d\Omega} = \left(\frac{\alpha}{4E}\right)^2 \sin^{-4}\theta \qquad (6.158)$$

となる．クーロン力のとき，これはラザフォードの散乱断面積とよばれる．

問題 6.16 引力的なクーロン相互作用で散乱断面積を導き，斥力的な場合と一致することを確かめておこう． □

索　引

ア　行

アボガドロ数　23
RBS 法　148
安定な平衡　48, 120

1 次元のニュートン方程式　66
位置ベクトル　9
一般相対性理論　36

うなり　59
運動エネルギー　46, 66, 95
運動の法則　19
運動量　24

n 階の微分方程式　31
n 倍角公式　30
エネルギー吸収率　74
エネルギー等分配則　104
遠心力　81
円錐曲線　130, 132
円錐振り子　129
円筒座標系　78

オイラーの公式　28

カ　行

外積　15
角振動数　50
加速度　18, 80, 85

可動区間　69, 99, 119
角運動量　112
角運動量保存則　113
換算質量　144
慣性質量　22, 129
慣性の法則　19
観測系　20
　加速されていない——　20

軌跡　40
擬ベクトル　15
基本単位　35
Q 値　58, 75
球面振り子　126, 128
鏡映の関係　13
共鳴現象　57, 77
極角　81
極座標系　81
極性ベクトル　14
曲率半径　85
キログラム原器　36

クォーク　5
クロネッカーのデルタ　10
クーロン力　4, 129

ケプラーの第 1 法則　133
ケプラーの第 2 法則　114
ケプラーの第 3 法則　133
原子時計　36
減衰運動　53
原点　8

向心加速度　86
光速　36
抗力　91

サ　行

サイクロイド曲線　96
サイクロトロン　87
サイクロトロン運動　87, 107, 110
サイクロトロン半径　110
歳差運動　77
最終速度　46
差分方程式　25
作用反作用の法則　20
散乱　135
散乱状態　132
散乱断面積　151

ジェットコースターの運動　90
時間反転不変　24
磁気鏡　107
磁気瓶　107
軸性ベクトル　15
次元　108, 110
仕事　66, 96
地震計　59
自然座標系　85
実験室系　20
質点　22
　──の到達距離　42
　──の到達最高点　42
磁場分析器　89
周期　51, 133
重心　142
　──の質量　142
重力加速度　39
重力質量　129
主値　51
ジュール　37
衝突径数　150
常微分方程式　31
真空の誘電率　129

振動数　51
水素原子　52, 108
スカラー　13
スカラー積　13

正弦関数　27
接線加速度　86
遷移エネルギー　35
線形2階の同次常微分方程式の解　31
線形2階の非同次常微分方程式　55
線形非同次の2階常微分方程式の解　33
線形微分方程式　31

双曲線関数　29
双曲線の焦点　135
相対座標　143
速度　17, 80, 83
束縛状態　131
束縛力　90

タ　行

対数関数　28
楕円の焦点　135
単位ベクトル　9, 85
　──の内積　10
単振動　52, 60, 70
単振動子　48
炭素原子　36
断熱不変量　106

力　3
　──のモーメント　112
中心力　112
中立的な平衡　48
超微細準位　35
張力　60, 91
調和振動子　48, 108
　──のポテンシャルエネルギー　71

強い相互作用　3

索　引

定常状態　73
定数変化法　34
テイラー展開　26
電気回路　76
電磁気力　3
電子レンジ　75
テンソル　16
天体の運動　24

等価1次元ポテンシャルエネルギー　118
等速直線運動　21
等ポテンシャル面　98
独立な解　32
特解　33
ド・モアブルの定理　30

ナ　行

長岡–ラザフォードの原子模型　147
ナブラ　92

2階の微分方程式　25
2体問題　144, 147
ニュートン　37
　　——の運動の法則　19
ニュートン力学　2

ハ　行

ハドロン　4
バネ　124
バネ定数　49
万有引力　3, 129
万有引力定数　117

左手系　13
非弾性散乱　149

ビリアル定理　104

不安定な平衡　48, 120
不可逆　25
プランク定数　35, 109
振り子　60, 101, 106
　　——の運動　62
分配則　10, 15

平衡点　123
ベクトル　13
偏角　29
偏微分　92

方位角　81
包絡線　43
保存力　68, 97
ポテンシャルエネルギー　68, 97, 117

マ　行

摩擦力　43
右手系　13
面積速度　114

ヤ　行

湯川ポテンシャル　118
弱い相互作用　3

ラ　行

ラザフォードの散乱断面積　153
力学的エネルギー　69, 70, 98
離心率　132
立体角　138
ローレンツ力　86

ギリシャ文字

A	α	アルファ	I	ι	イオタ	P	ρ	ロー
B	β	ベータ	K	κ	カッパ	Σ	σ	シグマ
Γ	γ	ガンマ	Λ	λ	ラムダ	T	τ	タウ
Δ	δ	デルタ	M	μ	ミュー	Υ	υ	ウプシロン
E	ϵ	イプシロン	N	ν	ニュー	Φ	ϕ	ファイ
Z	ζ	ゼータ	Ξ	ξ	グザイ	X	χ	カイ
H	η	イータ	O	o	オミクロン	Ψ	ψ	プサイ
Θ	θ	シータ	Π	π	パイ	Ω	ω	オメガ

著者略歴

山 崎 泰 規（やまざき・やすのり）

1949 年　大阪府に生まれる
1978 年　大阪大学大学院工学研究科応用物理学専攻修了
現　在　東京大学大学院総合文化研究科広域科学専攻教授
　　　　理化学研究所主任研究員
　　　　工学博士

基礎物理学シリーズ 1
力　学　I　　　　定価はカバーに表示
2002 年 3 月 10 日　初版第 1 刷

著　者　山　崎　泰　規
発行者　朝　倉　邦　造
発行所　株式会社　朝　倉　書　店
　　　　東京都新宿区新小川町 6-29
　　　　郵便番号　　162-8707
　　　　電　話 0 3 (3 2 6 0) 0 1 4 1
　　　　Ｆ Ａ Ｘ 0 3 (3 2 6 0) 0 1 8 0
　　　　http://www.asakura.co.jp

〈検印省略〉

Ⓒ2002 〈無断複写・転載を禁ず〉　　　　三美印刷・渡辺製本
ISBN 4-254-13701-X　C 3342　　　　Printed in Japan

H.J.グレイ／A.アイザックス編
山口理科大 清水忠雄・上智大 清水文子監訳

ロングマン 物理学辞典（原書3版）

13072-4 C3542　　A5判 824頁 本体27000円

定評あるLongman社の"Dictionary of Physics"の完訳版。原著の第1版は1958年であり、版を重ね本書は第3版である。物理学の源流はイギリスにあり、その歴史を感じさせる用語・解説がベースとなり、物理工学・電子工学の領域で重要語となっている最近の用語も増補されている。解説も定義だけのものから、1ページを費やし詳解したものも含む。また人名用語も数多く含み、資料的価値も認められる。物理学だけにとどまらず工学系の研究者・技術者の座右の書として最適の辞典

学習院大 江沢 洋著

現代物理学

13068-6 C3042　　A5判 584頁 本体7000円

理論物理学界の第一人者が、現代物理学形成の経緯を歴史的な実験装置や数値も出しながら具象的に描き出すテキスト。数式も出てくるが、その場所で丁寧に説明しているので、予備知識は不要。この一冊で力学から統一理論にまで辿りつける！

英国クイーンズカレッジ K.ギップス著
前上智大笠 耐訳

ゆかいな物理実験

13084-8 C3042　　A5判 288頁 本体3900円

30人の生徒を物理の授業に惹きつける秘訣は？「ゆかいな物理実験」を使うこと。30年間の物理の授業で体得した興味深く楽しい600のアイデアをすべての現場教師に贈る。〔内容〕一般物理学／力学／波と光／熱物理学／電磁気学／現代物理学

静岡理科大 志村史夫著
〈したしむ物理工学〉

したしむ振動と波

22761-2 C3355　　A5判 168頁 本体3200円

日常の生活で、振動と波の現象に接していることは非常に多い。本書は身近な現象を例にあげながら、数式は感覚的理解を助ける有効な範囲にとどめ、図を多用し平易に基礎を解説。〔内容〕振動／波／音／電磁波と光／物質波／波動現象

静岡理科大 志村史夫監修　静岡理科大 小林久理真著
〈したしむ物理工学〉

したしむ電磁気

22762-0 C3355　　A5判 160頁 本体2700円

電磁気学の土台となる骨格部分をていねいに説明し、数式のもつ意味を明解にすることを目的。〔内容〕力学の概念と電磁気学／数式を使わない電磁気学の概要／電磁気学を表現するための数学的道具／数学的表現も用いた電磁気学／応用／まとめ

静岡理科大 志村史夫著
〈したしむ物理工学〉

したしむ量子論

22763-9 C3355　　A5判 176頁 本体2900円

難解な学問とみられている量子力学の世界。実はその仕組みを知れば身近に感じられることを前提に、真髄・哲学を明らかにする書。〔内容〕序論：さまざまな世界／古典物理学から物理学へ／量子論の核心／量子論の思想／量子力学と先端技術

静岡理科大 志村史夫監修　静岡理科大 小林久理真著
〈したしむ物理工学〉

したしむ磁性

22764-7 C3355　　A5判 196頁 本体3500円

先端的技術から人間生活の身近な環境にまで浸透している磁性につき、本質的な面白さを堪能すべく明解に説き起こす。〔内容〕序論／磁性の世界の階層性／電磁気学／古典論／量子論／磁性／磁気異方性／磁壁と磁区構造／保磁力と磁化反転

静岡理科大 志村史夫著
〈したしむ物理工学〉

したしむ固体構造論

22765-5 C3355　　A5判 184頁 本体3400円

原子や分子の構成要素が3次元的に規則正しい周期性を持って配列した物質が結晶である。本書ではその美しさを実感しながら、物質の構造への理解を平易に追求する。〔内容〕序論／原子の構造と結合／結晶／表面と超微粒子／非晶質／格子欠陥

静岡理科大 志村史夫著
〈したしむ物理工学〉

したしむ熱力学

22766-3 C3355　　A5判 168頁 本体3000円

エントロピー、カルノーサイクルに代表されるように熱力学は難解な学問と受け取られているが、本書では基本的な数式をベースに図を多用し具体的記述で明解に説き起す〔内容〕序論／気体と熱の仕事／熱力学の法則／自由エネルギーと相平衡

◆ 物理学30講シリーズ〈全10巻〉◆
著者自らの言葉と表現で語りかける大好評シリーズ

戸田盛和著
物理学30講シリーズ1
一 般 力 学 30 講
13631-5 C3342　　A5判 208頁 本体3600円

力学の最も基本的なところから問いかける。〔内容〕力の釣り合い／力学的エネルギー／単振動／ぶらんこの力学／単振子／衝突／惑星の運動／ラグランジュの運動方程式／最小作用の原理／正準変換／断熱定理／ハミルトン–ヤコビの方程式

戸田盛和著
物理学30講シリーズ2
流 体 力 学 30 講
13632-3 C3342　　A5判 216頁 本体3600円

多くの親しみやすい話題と有名なパラドックスに富む流体力学を縮まない完全流体から粘性流体に至るまで解説。〔内容〕球形渦／渦糸／渦列／粘性流体の運動方程式／ポアズイユの流れ／ストークスの抵抗／ずりの流れ／境界層／他

戸田盛和著
物理学30講シリーズ4
熱 現 象 30 講
13634-X C3342　　A5判 240頁 本体3700円

熱の伝導，放射，凝縮等熱をとりまく熱現象を熱力学からていねいに展開していく。〔内容〕熱力学の第1，2法則／エントロピー／熱平衡の条件／ミクロ状態とエントロピー／希薄溶液／ゆらぎの一般式／分子の分布関数／液体の臨界点／他

戸田盛和著
物理学30講シリーズ5
分 子 運 動 30 講
13635-8 C3342　　A5判 224頁 本体3400円

〔内容〕気体の分子運動／初等的理論への反省／気体の粘性／拡散と熱伝導／熱電効果／光の散乱／流体力学の方程式／重い原子の運動／ブラウン運動／拡散方程式／拡散率と易動度／ガウス過程／揺動散逸定理／ウィナー・ヒンチンの定理／他

戸田盛和著
物理学30講シリーズ6
電 磁 気 学 30 講
13636-6 C3342　　A5判 216頁 本体3400円

〔内容〕電荷と静電場／電場と電荷／電荷に働く力／磁場とローレンツ力／磁場の中の運動／電気力線の応力／電磁場のエネルギー／物質中の電磁場／分極の具体例／光と電磁波／反射と透過／電磁波の散乱／種々のゲージ／ラグランジュ形式／他

戸田盛和著
物理学30講シリーズ7
相 対 性 理 論 30 講
13637-4 C3342　　A5判 244頁 本体3800円

〔内容〕光の速さ／時間／ローレンツ変換／運動量の保存と質量／特殊相対論的力学／保存法則／電磁場の変換／テンソル／一般相対性理論の出発点／アインシュタインのテンソル／シュワルツシルトの時空／光線の湾曲／相対性理論の検証／他

戸田盛和著
物理学30講シリーズ8
量 子 力 学 30 講
13638-2 C3342　　A5判 208頁 本体3400円

〔内容〕量子／粒子と波動／シュレーディンガー方程式／古典的な極限／不確定性原理／トンネル効果／非線形振動／水素原子／角運動量／電磁場と局所ゲージ変換／散乱問題／ヴィリアル定理／量子条件とポアソン括弧／経路積分／調和振動子他

戸田盛和著
物理学30講シリーズ9
物 性 物 理 30 講
13639-0 C3342　　A5判 240頁 本体3500円

〔内容〕水素分子／元素の周期律／分子性物質／ウィグナー分布関数／理想気体／自由電子気体／自由電子の磁性とホール効果／フォトン／スピン波／フェルミ振子とボース振子／低温の電気抵抗／近藤効果／超伝導／超伝導トンネル効果／他

戸田盛和著
物理学30講シリーズ10
宇 宙 と 素 粒 子 30 講
13640-4 C3342　　A5判 240頁　　〔近　刊〕

〔内容〕宇宙と時間／曲面と超曲面／閉じた空間・開いた空間／重力場の方程式／膨張宇宙モデル／球対称な星／相対性理論と量子力学／自由粒子／水素類似原子／電磁場の量子化／くり込み理論／ラム・シフト／超多時間理論／中間子の質量／他

農工大 佐野 理著
基礎物理学シリーズ12

連 続 体 力 学

13712-5 C3342　　A 5 判 250頁　　〔近　刊〕

連続体力学の世界を基礎・応用，1 次元～ 3 次元，流体・弾性体，要素変数の多い・少ない，などの観点から整然と体系化して解説。〔内容〕連続体とその変形／弾性体を伝わる波／流体の粘性と変形／非圧縮粘性流体の力学／水面波と液滴振動／他

千葉大 小川建吾・千葉大 夏目雄平著
基礎物理学シリーズ13

計　算　物　理　I

13713-3 C3342　　A 5 判 150頁　　〔近　刊〕

数値計算技法に止まらず，計算によって調べたい物理学の関係にまで言及〔内容〕物理量と次元／精度と誤差／方程式の根／連立方程式／行列の固有値問題／微分方程式／数値積分／乱数の利用／最小 2 乗法とデータ処理／フーリエ変換の基礎／他

千葉大 小川建吾・千葉大 夏目雄平著
基礎物理学シリーズ14

計　算　物　理　II

13714-1 C3342　　A 5 判 160頁　　〔近　刊〕

実践にあたっての大切な勘所を明示しながら詳説〔内容〕極限操作とデルタ関数／グリーン関数の基礎／応答関数と感受率／変分法／汎関数／密度汎関数の方法／モンテカルロ法の原理／量子モンテカルロ法の実例／大次元行列の固有値問題／他

前東大 市村宗武著
朝倉現代物理学講座1

力　　　　　　　　　学

13561-0 C3342　　A 5 判 264頁　本体4000円

初等力学から解析力学までを，物理的理解に重点をおいてわかりやすく解説した。〔内容〕基本法則／基本的例題／運動の保存量／二体問題／加速度系での運動方程式／剛体の運動／ラグランジュの方程式／正準形式／多自由度系の振動(連成振動)

前慶大 川口光年著
基礎の物理1

力　　　　　　　　　学

13581-5 C3342　　A 5 判 200頁　本体2900円

大学教養課程の学生向きに，質点・剛体の力学を，多くの例題から興味深く十分に会得できるように解説した。〔内容〕力学量と単位／ベクトル運動学／力とつりあい／運動の法則／運動方程式の変形／相対運動／質点系の運動／剛体の力学／振動

前横国大 高野義郎著

力　　　　　　　　　学

13014-7 C3042　　A 5 判 216頁　本体3600円

物理教育・研究に豊富な経験をもつ著者が，綿密な検討を加え，大学理工系学生に対し，基礎から現代の到達点まで含めて詳述。〔内容〕運動の表し方／運動の原理／力と運動／保存法則／万有引力／相対運動／対称性／大きさを持つ物体の力学

駿台予備学校 山本義隆・明大 中村孔一著
朝倉物理学大系1

解　析　力　学　I

13671-4 C3342　　A 5 判 328頁　本体4800円

満を持して登場する本格的教科書。豊富な例題を通してリズミカルに説き明かす。本巻では数学的準備から正準変換までを収める。〔内容〕序章―数学的準備／ラグランジュ形式の力学／変分原理／ハミルトン形式の力学／正準変換

駿台予備学校 山本義隆・明大 中村孔一著
朝倉物理学大系2

解　析　力　学　II

13672-2 C3342　　A 5 判 296頁　本体4800円

満を持して登場する本格的教科書。豊富な例題を通してリズミカルに説き明かす。本巻にはポアソン力学から相対論力学までを収める。〔内容〕ポアソン括弧／ハミルトン-ヤコビの理論／可積分系／摂動論／拘束系の正準力学／相対論的力学

東大 小柳義夫訳　法大 狩野　覚・法大 春日　隆・住友化学工業 善甫康成訳

計 算 物 理 学 ― 基 礎 編

13086-4 C3042　　A 5 判 320頁　本体4600円

各モデルを課題→理論→手法→プログラミング→検討の順を追って丁寧に解説。〔内容〕数値計算の誤差と不確実さ／積分／データ解析／決定理論世界のランダム現象／モンテカルロ法／微分方程式と振動／量子力学の固有値問題／非調和振動／他

東大 小柳義夫訳　法大 狩野　覚・法大 春日　隆・住友化学工業 善甫康成訳

計 算 物 理 学 ― 応 用 編

13087-2 C3042　　A 5 判 212頁　本体4400円

〔内容〕メモリーとCPU／並列計算とPVM／オブジェクト指向プログラミング／熱力学シミュレーション／量子経路上の汎関数積分／フラクタル／静電ポテンシャル／熱流／弦を伝わる波動／ソリトン，KdV／閉じ込められた電子波束／他

上記価格（税別）は 2002 年 2 月現在